KB267495

나카무라 아카데미

정통일본요리

BnCworld

인사말

전 세계적으로 일본요리의 인기가 대단합니다. 미국에는 14,000곳이 넘는 일본요리 레스토랑이 있으며 10년간 그 수가 2배 이상 늘었다고 합니다. 또한 프랑스 파리의 어떤 거리에는 10미터마다 일본요리 레스토랑이 있을 정도입니다.
한국에도 일본요리점, 이자카야, 스시 전문점 등이 상당히 많습니다. 2009년 나카무라아카데미(나카무라조리제과전문학교의 서울분교)를 개교한 이래로만봐도 그 수가 눈에 띄게 증가하였습니다. 점포 수뿐만 아니라 카레라이스, 라면, 오코노미야키, 메밀국수 전문점 등 요리의 종류도 놀라울 정도로 다양해졌습니다.
저도 최근 몇 년간 한국에 있는 많은 일본요리점을 방문해보았습니다. 그중에는 일본인인 저도 감탄할 만큼 제대로 된 일본요리를 제공하는 곳도 있었지만, 대부분은 유감스럽게도 맛, 담음새, 서비스 면에서 부족했습니다.
한번은 제가 한국의 어느 일본요리점에서 식사를 하는데, 가게 주인이 조심스럽게 "음식 맛이 어떻습니까?"라고 물어왔습니다. 맛도 있고 정성도 느껴졌지만 정통 일본요리라고는 생각되지 않았습니다. 제 생각을 눈치챈 주인은 "저는 한국인 주방장 밑에서 오랫동안 일했습니다. 그래서 제 요리가 정통 일본요리와는 조금 차이가 있을 것입니다. 기회가 닿는다면 진짜 일본요리를 꼭 한번 배워보고 싶습니다"라고 말했습니다.

이 책은 이렇듯 정통 일본요리를 배우고자 하시는 분들을 위해 출간되었습니다.
기본적인 요리부터 응용까지 폭넓은 분야의 요리를 소개함으로써 일본요리의 전체적인 윤곽을 알 수 있도록 했습니다.
나카무라조리제과전문학교는 1949년에 개교하였고, 1959년에는 일본 최초로 조리사 면허를 취득할 수 있는 학교로 인가받았습니다. 이 책에는 본교 60년 이상의 노하우가 담겨 있습니다. 본교의 창립자인 나카무라 하루(1884~1971년)의 유명한 말 중에 '노력 끝에 꽃이 핀다'라는 말이 있습니다. 한국의 여러분들이 이 책을 참고하여 요리 기술을 향상시킬 수 있기를 진심으로 바랍니다. 그리고 한국에서뿐만 아니라 전 세계에서 맛있는 일본요리를 만들어 손님들을 행복하게 해 드릴 수 있기를 기대합니다.
마지막으로 이 책의 제작을 위해 수고해 주신 BnC World의 여러분들께 감사의 인사를 드립니다.

나카무라조리제과전문학교
이사장·교장 **나카무라 테츠**

나카무라조리제과전문학교는 일본에서 가장 전통이 깊으며, 사회적으로도 높은 평가를 받고 있는 조리제과학교입니다. 졸업생은 일본 국내뿐만 아니라 해외에서도 폭넓은 활약을 하고 있으며, 재학생 역시 일본의 전국 학생기술 콩쿠르에서 항상 상위를 차지하고 있습니다. 이러한 나카무라조리제과전문학교가 2009년, 한국 서울에 개교한 나카무라아카데미는 본격적인 일본요리 교육을 실시하고 있으며, 저도 특별강사의 한 명으로서 1년에 2회, 교단에 서고 있습니다. 나카무라아카데미와 같은 정통적인 일본의 조리와 제과분야에 관한 해외 교육기관은 지극히 드물고, 그 존재 의의 또한 상당히 크다고 생각합니다. 일본인 교원의 성심성의를 다한 지도와 그것을 흡수하려고 하는 한국인 학생들의 열기는 앞으로의 한국의 일본요리와 일본제과를 비약적으로 발전시켜 갈 것이라고 기대하고 있습니다.

이러한 나카무라아카데미가 지금까지의 일본요리에 관한 교육 내용을 훌륭한 책으로 정리했습니다. 일본요리에는 한국 분들이 아주 잘 알고 계시는 스시나 튀김을 시작하여 다양한 장르의 요리가 있습니다. 이 책은 그 폭넓은 분야의 요리 방법을 다량의 사진을 이용하여 자세하고, 게다가 알기 쉽게 해설하고 있습니다. 초심자는 물론, 이미 조리 현장에서 활약하고 계신 분 등 일본요리에 관계하고 있는 수많은 한국 분들에게 정통적인 일본요리를 더욱 깊게 이해함에 있어 많이 도움이 될 것입니다.

기쿠노이

무라타 요시히로

• 무라타 요시히로(村田吉弘) 약력

'무라타 요시히로'는 1912년 일본 교토에서 개업한 요리점 '기쿠노이'의 3대째 주인으로, 정통 일본요리의 보급을 목적으로 하는 NPO법인·일본요리 아카데미 이사장으로서 일본 및 해외에서 폭넓게 활약하고 있으며, 싱가포르 항공이나 신라 호텔 등 수많은 세계 기업의 조리 고문도 맡고 있다. 일본의 요리나 문화에 관한 저서도 다수로, 특히 영문판 『Kaiseki: The Exquisite Cuisine of Kyoto's Kikunoi Restaurant』등의 저서는 해외에서도 인기가 많다. '기쿠노이'는 프랑스의 미슐랭 가이드북에서 교토 본점이 최고 등급인 별 3개, 교토 지점과 도쿄 지점도 각각 별 2개씩을 획득하여, 합계 별 7개를 보유하고 있다. 이는 무라다 요시히로가 일본요리 분야에서는 세계최고임을 말하는 증거이다.

목차 目次

日本料理の基礎

일본요리의 기초

01 일본요리의 역사 日本料理の歷史

(1) 벼농사 전래 (〜592년)

벼농사는 지금으로부터 약 3000년 전에 중국에서 왔다고 한다. 그전까지는 풍부한 야생의 동·식물을 먹고 생활해왔으나 벼농사가 전해지면서 쌀을 주식으로 하고 야생의 동·식물을 반찬으로 하는 식생활 문화가 시작되었다. 또한 벼농사와 같은 시기에 전해진 소금 제조 기술에 의해 소금을 얻을 수 있게 되면서 된장이나 생선을 발효시킨 어장(魚醬) 등의 조미료도 등장하여 식생활은 한층 더 크게 성장했다.

(2) 아스카·나라 시대 (飛鳥 · 奈良時代 : 592〜784년)

538년 백제로부터 전해진 불교는 일본의 귀족 계급에 침투하게 되었다.

600년부터는 중국에 정식으로 사절단을 파견하게 되었으며, 또 이 시기에 중국이나 한국으로부터 다양한 문화가 전해져 들어와 그 영향이 강하게 나타났다. 이로 인해 상류 사회의 식생활에 중국풍의 요리가 유행하게 되었다.

675년에는 불교의 영향으로 살생을 막기 위해 소, 말, 개, 원숭이, 닭고기를 먹는 것을 금지하는 법률이 선포되었다. 다시 말하면 그전까지는 일본에서도 고기를 즐겨 먹었다는 것을 알 수 있다. 이 같은 법률은 이후에도 몇 번이나 반복하여 선포되었다. 처음에는 그 영향이 적었지만 점차 일본의 식생활에서는 육식의 비중이 줄어들게 되었다.

(3) 헤이안 시대 (平安時代 : 784〜1192년)

중국과의 교류가 빈번하던 헤이안 시대 초기에는 중국의 영향이 강했다. 그러나 894년 중국의 사절단 파견이 중지되면서 문화는 점차 일본 독자적인 것으로 변화해갔다. 예를 들어, 그전까지의 문자는 중국에서 전해진 한자뿐이었지만 이 시대에 이르러 히라가나와 가타카나가 만들어져 일본만의 표현이 가능하게 되었다.

귀족의 식사는 초기 중국풍의 요리에서 일본의 독자적인 요리로 조금씩 변화해가면서 육식은 하지 않게 되었다.

헤이안 시대 후반부터는 군인 가운데 권력을 가진 무사(사무라이)가 탄생하게 되었다.

(4) 가마쿠라·무로마치·아즈치모모야마 시대 (鎌倉 · 室町 · 安土桃山時代 : 1192〜1603년)

헤이안 시대 후반부터 힘을 길러 온 무사(사무라이)가 정권을 잡았던 시대이다. 무사의 식생활은 귀족보다 검소했으며 현미가 주식이었다.

12세기에는 중국과의 교류도 부활해 불교의 선종과 차가 전해졌다. 그 후 다도가 확립되어 차를 맛있게 마시기 위해 가이세키 요리(懷石料理)라는 1즙 3채의 요리가 발달했다.

13세기에는 간장의 원형이라고 하는 다마리간장을 만들기 시작했다.

16세기에는 유럽과의 교류도 시작되어 유럽의 물품과 식재료(감자, 호박, 고추 등의 채소류, 튀김, 카스텔라 등)가 전해졌다.

(5) 에도 시대 (江戸時代 : 1603~1868년)

무사의 시대였지만 도쿠가와가(家)의 안정적인 정치로 인해 전쟁이 없는 평화로운 시대가 200년 이상이나 계속되었다. 다른 나라와의 교류는 나가사키에만 한정되었으며 상대국도 네덜란드와 중국뿐이었다.

이러한 환경 속에서 현대의 일본요리로 연결되는 일본만의 독자적인 요리가 형성되어 갔다.

17세기에는 현재의 간장과 거의 유사한 맛의 간장이 생산되었지만 연간장(淡口醬油)은 서일본이, 진간장(濃口醬油)은 동일본이 생산의 중심이었다.

이 시대에는 에도(도쿄)가 도시로서 크게 발전해갔다. 이때 처음으로 음식점도 생겼는데 초기에는 스시, 소바, 튀김, 장어 등을 판매하는 포장마차가 중심이었다. 맛의 기본은 동일본의 진간장(濃口醬油)이었다.

그 후 포장마차는 좀 더 고급스러운 음식점으로 발전해 '요정'이라고 불리는 고급 일본요리점이 생겼다. 요정에서는 호화로운 술자리 코스요리인 가이세키 요리(会席料理)가 나왔다.

(6) 메이지 · 다이쇼 시대 (明治 · 大正時代 : 1868~1926년)

약 700년간 계속되던 무사(사무라이)의 시대가 끝남과 동시에 외국과의 교류도 급격히 활발해져 일본은 유럽 문화를 흡수하고자 노력했다.

또한 오랜 세월 동안 불교의 영향으로 소나 돼지 등의 고기를 먹는 것이 금지됐던 풍습이 유럽 문화의 도입으로 육식을 장려하게 되었다.

이 시대에 카레라이스, 돈가스, 크로켓, 비프스테이크 등이 전래됐으며 그 후 조금씩 일본의 독자적인 맛으로 변화되었다. 또한 스키야키처럼 완전히 일본 스타일로 요리한 고기 요리도 생겨났다. 빵의 제조법도 전해지면서 팥빵과 크림빵 같은 일본 스타일의 빵이 탄생하기도 했다.

(7) 쇼와 · 헤이세이 시대 (昭和 · 平成時代 : 1926년~현재)

제2차 세계대전 후 일본은 미국의 영향을 강하게 받게 되었다. 그 결과 고기 소비량이 큰 폭으로 늘어났고 쌀의 소비량이 줄었으며 빵을 많이 먹게 되었다.

1970년대부터는 맥도날드, KFC 등 미국의 프랜차이즈 외식업체들이 일본에 진출하여 인기를 끌게 되었다. 이에 일본 기업에서도 카레라이스, 회전 스시, 덮밥 요리, 라면 등의 체인 레스토랑을 런칭했다. 1970년대부터는 일본의 젊은이들이 유럽 본고장에서 프랑스요리, 이탈리아요리, 양과자의 조리 방법을 배우고 돌아오고, 유럽의 유명한 셰프들이 일본을 방문하게 되면서 일본 내에서는 유럽의 정통 식생활 문화가 인기를 끌게 되었다. 동시에 프랑스요리도 일본 특유의 섬세한 담음새, 재료 고유의 맛을 살리는 특성 등의 영향을 받기도 했다.

1990년대 무렵부터 세계적으로 일본요리의 인기가 높아지게 되었다. 그 이유로는 건강을 지향하는 흐름, BSE(광우병) 문제에 따른 육식 기피 현상, 일본의 영화 · 애니메이션 · 음악 · 패션 등 일본 문화의 인기, 세계적인 식품 유통의 발달 등을 들 수 있다. 그 결과 세계의 주요 도시에서 일본요리 레스토랑이 많이 생겨나게 되었다.

02 조리 도구 調理道具

01 칼 庖丁

일본요리에 사용되는 칼의 종류는 수십 종에 이른다. 여기서는 기본적인 세 종류의 칼을 소개한다. 일본 요리용 칼의 특징은 기본적으로 외날(칼의 한쪽 면에만 칼날이 있음)이라는 것이다.

(1) 칼의 각 부분별 명칭

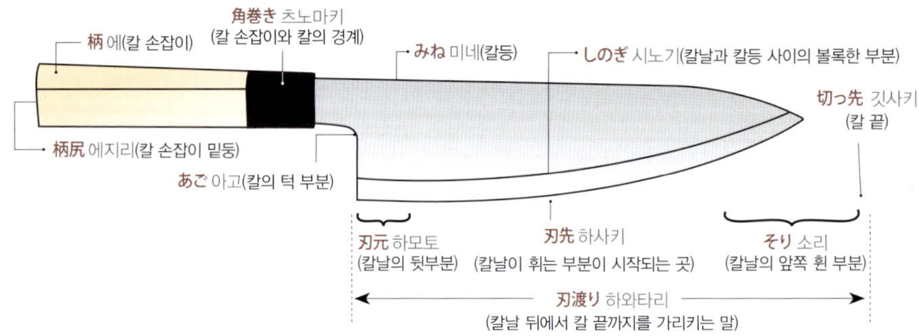

(2) 칼의 종류

① 채소칼 (薄刃包丁: 우스바보쵸)

채소칼은 주로 채소를 썰 때 많이 사용한다. 칼 끝에 휘어짐이 없고 도마에 균등하게 닿도록 되어 있으며 칼날의 폭이 넓어 써는 작업에 적합하게 되어 있다. 또한 관동(関東) 지역과 관서(関西) 지역의 채소칼은 그 형태가 다른데 관동은 칼 끝이 각졌고, 관서는 칼 끝이 둥근 형태이다.

② 회칼 (刺身包丁: 사시미보쵸)

뼈에서 분리한 생선살을 회 뜰 때 사용하는 칼이다. 완성된 요리를 잘라서 나누는 데도 사용한다.

③ 데바칼 (出刃包丁: 데바보쵸)

데바칼은 주로 생선의 뼈에서 살을 분리·해체할 때 사용한다. 또한 육류를 다루거나 뼈를 자를 때도 사용한다.

02 숫돌 砥石

숫돌은 표면의 거친 정도에 따라 거친 숫돌(荒砥 : 아라토), 중간 숫돌(中砥 : 나카토), 고운 숫돌(仕上げ砥 : 시아게토)로 나눌 수 있다. 숫돌은 사용하기 30분 전에 물에 담가두는 것이 중요하다. 또한 숫돌을 여러 번 사용하면 가운데 부분이 움푹하게 들어가게 되므로 같은 종류의 숫돌이나 콘크리트 바닥 등에 갈아서 숫돌의 표면을 평평하게 만들어야 한다.

(1) 숫돌의 종류

① 거친 숫돌(荒砥 : 아라토)

처음 사용하는 칼의 형태를 잡아주거나 변형된 칼끝의 형태를 수정할 때 사용한다. 단, 거친 숫돌만을 사용해 칼을 갈게 되면 칼끝이 울퉁불퉁해지므로 중간 숫돌이나 고운 숫돌로 마무리해주는 것이 중요하다.

② 중간 숫돌(中砥 : 나카토)

주로 칼날을 세울 때 사용한다. 또한 거친 숫돌로 간 칼날의 표면을 매끄럽게 할 때 사용한다.

③ 고운 숫돌(仕上げ砥 : 시아게토)

중간 숫돌로 갈아 날이 선 칼을 좀 더 예리하게 만들 때 사용한다.

03 숫돌과 칼 가는 법

먼저 숫돌을 30분간 물에 담가둔다. 물에 적신 행주를 꼭 짠 후 바닥에 깐다. 그 위에 받침대를 올리고 물에 담가두었던 숫돌을 수평으로 평평하게 얹는다. 숫돌이 올려진 받침대에서 조금 떨어진 곳에 선 후 다리는 어깨 너비로 벌리고 오른발(오른손잡이 기준)을 반 걸음 뒤로 빼서 자세를 잡는다.

(1) 채소칼 가는 법

1 칼의 손잡이를 확실히 잡은 다음, 칼날이 몸쪽으로 향하게 하고 숫돌과 60° 각도가 되도록 숫돌 위에 올린다.

2 칼날을 숫돌 면에 밀착시켜 60° 각도를 유지하며 몸쪽에서 바깥쪽으로 밀어가며 갈아준다.

3 바깥쪽으로 밀 때는 약간의 힘을 주고 몸쪽으로 당길 때는 힘을 뺀다. 칼날이 설 때까지 이 과정을 반복한다.

* 주의점

   3번 과정에서 숫돌의 표면이 마를 경우에는 물을 조금 떨어뜨린다. 칼을 잡지 않은 손은 칼 윗부분으로부터 3cm 내려와 칼날 위에 손가락을 올린다.

(2) 회칼 가는 법

회칼은 칼날이 살짝 휘어져 있고 길이도 길기 때문에 칼날의 앞부분과 칼날의 뒷부분으로 나누어 간다.

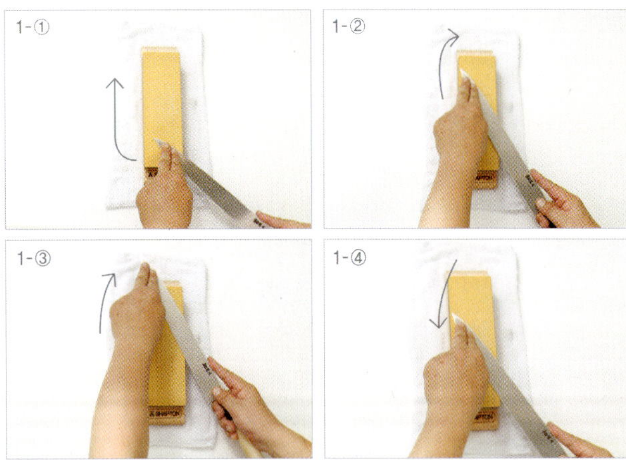

1 앞부분은 휘어져 있으므로 칼날의 모양을 따라 숫돌 위에서 반원을 그리듯이 움직이며 간다.

2 뒷부분은 숫돌 위에 칼날을 얹고 몸쪽에서 바깥쪽 방향으로 수직을 그리며 간다.

(3) 데바칼 가는 법

데바칼 역시 회칼과 마찬가지로 칼날이 휘어졌으므로 칼날의 앞부분과 뒷부분으로 나누어 간다.

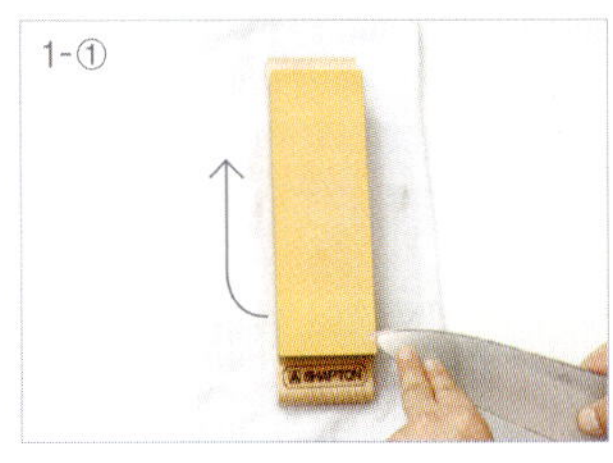

1 앞부분은 휘어져 있으므로 칼날의 모양을 따라 숫돌 위에서 반원을 그리듯이 움직이며 간다.

2 뒷부분은 숫돌 위에 칼날을 얹고 몸쪽에서 바깥쪽 방향으로 수직을 그리며 간다. 단, 이 부분의 경우 딱딱한 뼈를 자를 때도 사용하므로 칼날을 얇게 세우지 않아도 된다.

(4) 칼날의 모양 잡기

칼은 칼날의 한쪽 면만 갈기 때문에 칼끝이 살짝 반대면으로 넘어가게 된다. 이것을 가에리(返り)라고 하는데 이때는 숫돌 위에 간 칼날의 반대쪽 칼날을 얹고 위에서 아래로 2~3회 당겨 갈아 칼날의 모양을 잡아줘야 한다.

(5) 칼날 닦기

칼을 간 후, 또는 칼을 사용한 후에는 스펀지 등을 이용해 칼날과 칼자루를 깨끗이 씻고 물기가 없도록 마른 행주로 잘 닦아줘야 한다.

04 냄비 鍋

손잡이 없는 냄비 (やっとこ鍋 : 얏토코 나베)
손잡이가 없기 때문에 가스레인지 위에 한꺼번에 많은 냄비를 올려놓을 수 있으며 수납 역시 편리하다. 냄비를 들 때는 얏토코(やっとこ)라는 긴 집게를 사용하기 때문에 얏토코 나베라고도 불린다.

한손잡이 냄비 (片手鍋 : 가타테 나베)
손잡이가 1개 달린 냄비로 액체를 따르기 쉽게 홈이 패여 있다.

양손잡이 냄비 (両手鍋 : 로테 나베)
냄비 양쪽에 손잡이가 달려 있어 대량의 조림 요리 등에 많이 사용한다.

돈부리 냄비 (どんぶり鍋 : 돈부리 나베)
오야코동, 달걀 덮밥 등 윗부분을 달걀로 덮는 요리를 만들 때 자주 사용한다. 1인용 냄비로 얕은 냄비에 나무로 된 손잡이가 달려 있다.

05 그 외 조리도구

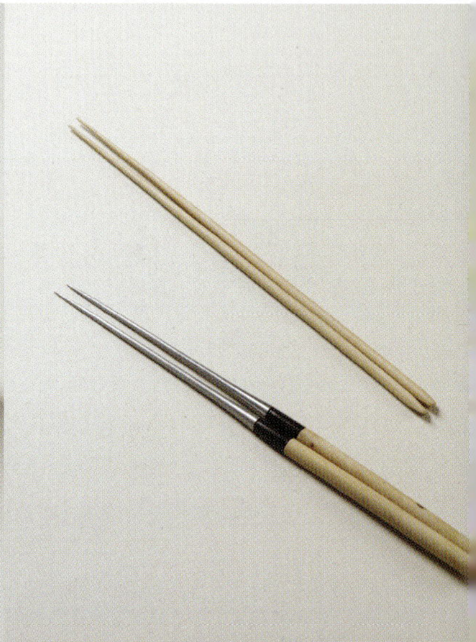

① **조림용 냄비뚜껑 (落とし蓋 : 오토시부타)** 주로 조림 요리에 많이 사용한다. 냄비 크기보다 약간 작은 크기를 선택, 재료에 닿도록 얹어 사용한다. 국물이 끓을 때 수분이 증발되는 것을 막고 재료가 흐트러지지 않게 하는 효과가 있다. 이 외에 종이로 만든 종이 뚜껑 (紙蓋 : 가미부타) 등이 있다.

② **도마 (まな板 : 마나이타)** 도마의 종류에는 나무로 만든 도마와 플라스틱으로 만든 도마가 있다. 나무로 만든 도마는 노송나무, 버드나무, 목련나무, 은행나무, 칠엽수 등을 사용해 만든다. 요리를 잠깐 놓아 두거나 물기를 빼거나 생선에 소금을 칠 때 사용하는 받침이 달린 긴 도마 (抜き板 : 누키이타)도 있다. 도마는 위생적으로 사용하는 것이 중요하며 날로 먹는 음식을 이용할 때는 플라스틱으로 만든 도마를 사용하는 것이 바람직하다. (사진은 누키이타)

③ **젓가락 (箸 : 하시)** 일반적으로는 긴 나무 젓가락을 많이 사용한다. 대나무로 만들어 가볍고 탄력이 좋다.

튀김을 만들 때 이용하는 젓가랏은 대개 금속으로 만든 젓가락(まな箸 : 마나바시)이나 긴 나무 젓가락(菜箸 : 사이바시)을 사용한다. 젓가락은 끝이 가늘어서 작은 것을 집기 쉬워 음식을 담을 때도 사용한다.

④ **국자 (しゃくし : 샤쿠시)** 국자는 국물을 담거나 물기가 있는 것을 건져 올릴 때 사용한다. 많이 사용하는 국자로는 구멍 국자(あなじゃくし : 아나자쿠시)와 일반 국자(玉じゃくし : 다마자쿠시)가 있다. 또 음식을 튀길 때 사용하는 그물 국자(網じゃくし : 아미자쿠시)도 있다.

⑤ **주걱 (へら : 헤라)** 밥을 담을 때 사용하는 나무 주걱 (木じゃくし : 기자쿠시)과 볼이나 절구(すり鉢 : 스리바치)에서 사용하는 고무 주걱(ゴムべら : 고무베라)이 있다.

⑥ **절구 (すり鉢 : 스리바치), 절구봉 (すりこ木 : 스리코키)** 재료를 곱게 갈아 으깨거나 끈기를 낼 때 사용한다. 스루(する)라는 말은 '갈다'라는 의미 외에 '훔치다'

⑧ ⑨ ⑩

라는 의미도 있어 아타리바치(当たり鉢), 아타리보(当たり棒)라고도 불린다.

⑦ 바구니 (ざる : 자루) 바구니는 대나무로 만든 것이 대다수이지만 금속이나 플라스틱으로 만든 것도 있다. 재료를 담거나 물기를 제거할 때 사용한다.

⑧ 거르는 체 (裏漉し器 : 우라고시키) 말의 털로 만든 것부터 스테인리스나 나일론으로 만든 것 등 종류가 다양하다. 가루를 체 치거나 다시물을 거를 때, 물기를 제거할 때와 같이 다양한 용도로 사용되고 있다.

⑨ 강판 (卸し金 : 오로시가네) 강판은 무나 와사비, 생강 등을 갈 때 사용한다. 재질은 구리, 알루미늄, 스테인리스 등 여러 가지가 있다. 특히 와사비용 강판중에는 상어가죽으로 만든 고가의 제품도 있다.

⑩ 비늘치기(うろこ引き : 우로코비키) 고케비키(こけ引き), 바라비키(ばら引き)라고도 하며 생선의 비늘을 제거할 때 사용한다. 살이 부드러운 생선에는 적합하지 않다.

⑪ 초밥용 나무통 (半切り : 항기리) 초밥용 밥을 섞을 때 사용하는 나무통으로 대부분 노송나무로 만들었다. 사용할 때는 나무에 수분을 충분히 흡수시킨 후 사용한다.

⑫ 생선 다룰 때 고정시키는 송곳 (目打ち : 메우치) 붕장어나 민물장어, 갯장어 등과 같은 몸통이 긴 생선 종류의 머리를 고정시킬 때 사용한다.

⑬ 생선 가시 제거용 핀셋 (骨抜き : 호네누키) 스테인리스로 만든 핀셋이다. 주로 생선살에 붙은 잔가시를 제거할 때 사용한다.

⑭ 굳힘틀 (流し缶 : 나가시캉) 달걀찜이나 간 생선을 넣은 반죽을 이용한 찜 요리, 이기거나 개어서 굳힌 요리, 우뭇가사리, 젤라틴 등의 굳힌 요리 등을 만들 때 사용한다. 스테인리스로 만든 것이 대부분이다. 틀의 바닥이 이중으로 되어 있어서 밑바닥을 열면 내용물을 쉽게 뺄 수 있으므로 부드러운 요리를 만들 때 편리하다.

⑪

⑭

⑬ ⑫

03 조미료 調味料

01 소금 塩

소금은 가장 기본적인 조미료 중 하나로 조리에 있어서 빼놓을 수 없는 중요한 조미료이다.

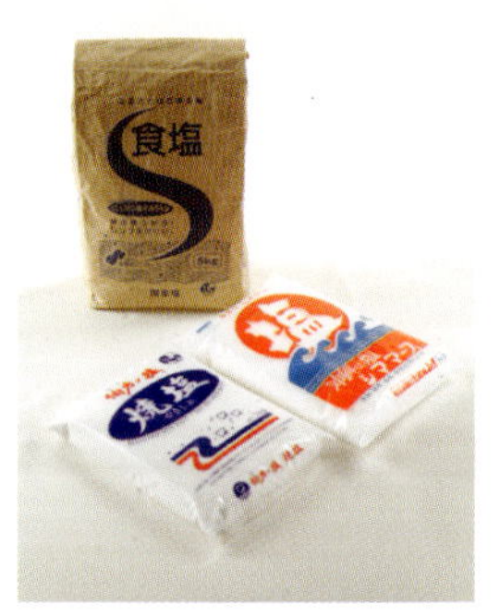

① 식염 (食塩 : 쇼쿠엔)
이온교환막법으로 제조한 것이다. 알칼리성 탄산마그네슘이 첨가되어 있지 않아 녹기 쉬우므로 일반적인 조리용으로 많이 사용한다.

② 보통 소금 (並塩 : 나미시오)
이온교환막법으로 제조한 것이다. 간수(염화마그네슘)를 첨가해 생선이나 채소를 절일 때 많이 사용한다.

③ 그 외의 소금
정제염, 식탁염, 절임용 굵은 소금

02 설탕 砂糖

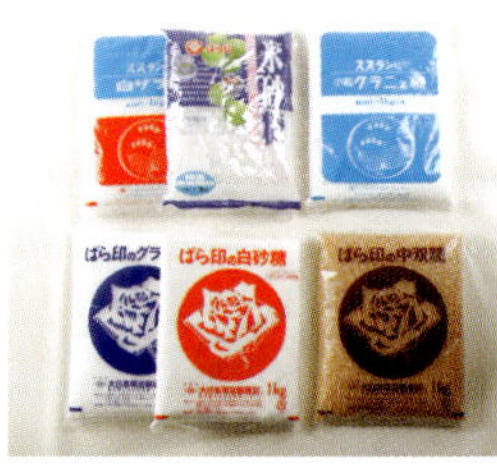

사탕수수로 만든 자당과 사탕무로 만든 첨채당을 사용해 만든 설탕은 단맛을 내는 용도 이외에도 각종 조리에서 폭넓게 사용되고 있다.

03 간장 醬油

콩과 밀을 원료로 해 누룩을 만든 후 식염수를 넣어 진한 액체를 만든다. 그 후 발효와 숙성 과정을 거쳐 건더기는 짜내고 남은 국물은 불에 올려 달인 것이 바로 간장이다. 발효와 숙성 과정에서 독특한 색과 맛, 그리고 향이 생기게 된다.

① 진간장 (濃口醬油 : 고이구치쇼유)
일반적으로 간장이라고 하면 진간장을 말하는 것이다. 염분은 18% 정도로 색이 진하고 향이 좋다.

② 연간장 (薄口醬油 : 우스구치쇼유)
제조 공정은 진간장과 같지만 옅은 색을 내기 위해 철분이 적은 물을 사용한다. 진한 액체를 만드는 압착단계에서는 단술(甘酒)을 넣고 거른다. 염분은 진간장보다 2% 정도 높지만 색이 옅고 맛, 향기 모두 담백하므로 재료 본연의 색과 맛을 살리는 요리에 적합하다.

③ 다마리간장 (たまり醬油 : 다마리쇼유)
콩을 주원료로 사용하며 다른 간장과 달리 밀은 사용하지 않는다. 숙성된 진한 액체의 추출액은 끓이지 않고 그대로 제품화한다. 맛과 색이 진하고 약간의 단맛이 있다.

④ 그 외의 간장

백간장(白醬油 : 시로쇼유), 생선간장(魚醬油 : 우오조유), 감로간장(甘露醬油 : 간로쇼유)

| 진간장 | 연간장 | 다마리간장 | 백간장 | 감로간장 |

04 식초 酢

초산을 주성분으로 한 조미료로 쌀 등의 곡물을 발효시켜
만든다. 신맛을 내고자 할 때뿐만 아니라 살균과 방부 효과
를 위해서도 사용된다.

05 미림 味醂

일본 특유의 술 조미료이다. 고급스러운 단맛이 있고 음식
에 윤기를 낸다. 요리에 넣을 때는 알코올을 증발시킨 후 사
용하는 게 좋다.

| 식초 | 미림 |

06 된장 味噌

된장은 콩을 주원료로 소금과 누룩을 더해 발효시킨 것이다. 누룩의 종류에 따라 쌀된장(米味噌), 보리된
장(麦味噌), 콩된장(豆味噌)으로 나눌 수 있다.

① 쌀된장 (米味噌 : 고메미소)

일본에서 제일 많이 만드는 된장이다. 콩, 멥쌀의 누룩, 소금이 주원료이며 배합은 다양한데 대개 쌀 누룩과
콩의 비율은 동량 혹은 2 : 1비율로 만든다.

② 보리된장 (麦味噌 : 무기미소)

보리를 누룩으로 만든 후 삶은 콩과 소금을 섞어 만든다.

③ 콩된장 (豆味噌 : 마메미소)

쌀이나 보리의 누룩을 사용하지 않고 콩만으로 만드는 된장이다. 콩을 찐 후 누룩종과 소금을 첨가해 2~3
년 발효, 숙성시키므로 특유의 감칠맛과 떫은맛이 있다.

④ 그 외의 된장

신슈된장(信州味噌 : 신슈미소), 센다이된장(仙台味噌 : 센다이미소), 백된장(白味噌 : 시로미소), 이나카된장
(田舎味噌 : 이나카미소), 핫쵸된장(八丁味噌 : 핫쵸미소), 적된장(赤味噌 : 아카미소)

04 채소 · 향미료 野菜 · 香味料

일본요리에서 향미료란 요리의 맛을 한층 더 돋워주기 위해 혹은 계절감을 내거나 주재료를 돋보이게 하는 역할로 사용한다. 또한 무침이나 국요리에서 향을 돋우는 데도 사용한다. 단, 향미료는 풍미가 강하기 때문에 소량만 사용하도록 한다.

01 채소

경수채 (水菜 : 미즈나)
십자화과의 새싹채소이다.

꼬투리강낭콩 (隱元 : 인겐)
짙은 에메랄드 녹색으로 꼬투리채로 먹는 콩이다.

땅두릅 (うど : 우도)
두릅나무과 다년초 식물로, 향이 강하고 산나물로도 많이 사용한다.

백합근 (ゆり根 : 유리네)
식용으로 사용되는 백합과의 식물이다.

둥근가지 (丸茄子 : 마루나스)
교토의 가모나스(加茂茄子)가 대표적이다.

장마 (長芋 : 나가이모)
참마과 식물로, 길이가 길며 비대한 근상체의 총칭이다.

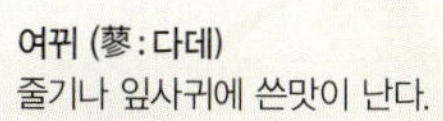

여뀌 (蓼 : 다데)
줄기나 잎사귀에 쓴맛이 난다.

엽란 (葉蘭 : 화란)
백합과의 상록 여러해살이풀로, 잎이 크며 고급요리점, 스시점
에서 자주 사용한다.

잠두콩 (ソラマメ : 소라마메)
콩과의 잠두 속으로, 가을에 씨를 뿌리고 초여름에 수확한다.

만가닥버섯 (しめじ : 시메지)
식용버섯의 한 종류이다.

와사비 (山葵)
맑은 물에서만 자라는 겨자과의 풀이다. 뿌리의 줄기를 잘라 전용 강판에 갈아서 사용한다. 생선회에 곁들여 내거나 무침 요리에 곁들인다.

산초꽃

산초잎

산초가루

산초 (さんしょう : 산쇼우)
산초의 어린잎을 기노메(木の芽)라 하며 산초나무 꽃을 하나잔쇼(花山椒), 열매는 미잔쇼(実山椒), 잘 익은 열매를 건조시켜 분말상태로 만든 것을 고나잔쇼(粉山椒)라 한다.

겨자 (からし : 가라시)
겨자의 씨를 분말 상태로 만든 것이다. 겨자의 종류로는 일본 겨자와 서양 겨자가 있다.

영귤

가보스

유자 (ゆず : 유즈) · 가보스(かぼす) · 영귤 (すだち : 스다치)
귤 종류의 열매로 껍질에 특유의 향이 있다. 국물이나 조림, 무침 요리에서 향을 낼 때 사용된다. 유자의 일종인 영귤의 즙은 산미가 부드러워 요리와 잘 어울린다. 가보스 역시 유자의 일종으로 특유의 향이 강해 냄비 요리에 많이 사용한다.

생강순 (はじかみしょうが : 하지카미쇼가)
생강의 싹이다. 약간의 매운맛과 향이 있어 요리에 곁들이면 특유의 향을 더할 수 있다. 구이 요리에 많이 이용된다.

생강 (しょうが : 쇼가)
잡내 제거, 양념으로 사용하는 것 외에 잘게 썰어 요리 장식용으로 사용되기도 한다.

차조기꽃 (穂じそ : 호지소)
보라색이 도는 차조기꽃으로, 특유의 좋은 향기가 난다. 장
식용뿐만 아니라 요리에 향도 더한다.

차조기잎 (しそ : 시소)
잎 색깔에 따라 푸른 차조기, 빨간 차조기로 나뉜다. 차조
기 꽃을 호지소(穂じそ), 그 싹을 무라메지소(むら芽じそ)라
고 하며 생선회에 곁들인다.

적, 녹 차조기싹
(むらめじそ : 무라메지소, あおめじそ : 아오메지소)
차조기의 어린잎이다.

양하 (茗荷 : 묘가)
독특한 향이 나는 재료이다. 줄기와 꽃을 이용해 요리를 장
식하거나 곁들임으로 많이 사용한다.

산파 (高等葱 : 고토네기)
실파의 고급품종이다.

방풍잎 (防風 : 보후)
미나리과의 다년초 식물로, 해안의 모래땅에서 자란다.

건조식품, 가공품을 사용하는 이유는 식재료를 좀 더 오래 보존하기 위함과 동시에 건조 후 생기는 재료 특유의 감칠맛을 살리기 위해서이다.

01 건조식품 손질

미역 (わかめ : 와카메)
물에 담가 불린 후 끓는 물에 살짝 데친다. 건져내어 찬물에 헹군 후 질긴 부분은 잘라낸다.

담수산 김 (水前寺のり : 스이젠지노리)
민물에 사는 조류과의 하나이다. 물에 담가 충분히 불린 후 사용한다.

박고지 (かんぴょう : 간표)
물에 담가 불린 후 물기를 제거한다. 소금에 비벼 깨끗하게 정리한 후 끓는 물에 데치고 바구니에 건져 식힌다.

고야두부 (高野豆腐 : 고야도후)
80℃의 뜨거운 물에 담가 불린다. 충분히 불려졌으면 탁한 물이 나오지 않을 때까지 흐르는 물에서 깨끗이 씻는다. 물기를 제거한다.

말린 표고버섯 (干し椎茸 : 호시시이타케)
물에 담가 표면의 이물질을 제거한 후, 깨끗한 물에 다시 한번
담가 충분히 불린다.

목이버섯 (きくらげ : 기쿠라게)
물에 담가 불린 후 질긴 부분과 딱딱한 부분을 제거한다.

콩 (大豆 : 다이즈)
물에 담가 불린 후 완전히 삶는다.

팥 (小豆 : 아즈키)
팥이 잠길 정도의 물에 담가 살짝 데친다. 이때, 물 위로 뜨는
불순물은 제거한다. 데치는 과정을 2회 반복한다.

02 가공품

메부시(雌節) / 오부시(雄節)
다시의 재료. 혼부시의 배 부분을 메부시, 혼부시의 등 부분
을 오부시라고 한다.

가다랑어포 (鰹節 : 가츠오부시)
가다랑어를 원료로 한 일본특유의 수산가공품이다. 가다랑어
를 건조, 숙성시킨 후 얇게 포를 뜬 것이다.

다시마 (昆布 : 곤부)
바다의 채소라 불리는 다시마. 일본 요리에서는 다시를 낼 때
많이 사용한다.

당면 (はるさめ : 하루사메)
녹두를 사용하여 만든 것이다.

건유바 (干しゆば : 호시유바)
콩 가공식품의 한 종류이다. 두유를 따뜻할 정도로만 끓이면
표면에 얇은 막이 생기는데 그것을 유바라고 하고 그 유바를
말린 것을 건유바라고 한다.

나마후 (生麩)
일본의 전통적인 식품이다. 물을 부어 갠 밀가루를 자루에 넣
어 녹말을 뺀 후 남은 밀기울로 만든 것이다.

흰다시마 (白板昆布 : 시로이타곤부)
밧테라 스시에 쓰이는 다시마로 다시마를 특수한 칼날로 얇게
깎고 남은 다시마의 심 부분을 말한다.

실 한천 (糸寒天 : 이토칸텐)
한천을 실처럼 얇은 형태로 건조시킨 것이다.

고사리가루 (わらび粉 : 와라비코)
고사리의 뿌리에서 채취한 전분이다.

칡전분 (葛粉 : 구즈코)
콩과의 다년초로, 칡뿌리에서 나오는 전분을 정제한 것이다.

깨페이스트 (当たり胡麻 : 아타리고마)
볶은 참깨를 기름이 나올 때까지 잘 갈은 것이다.

쌀겨 (糠 : 누카)
곡식을 정백할 때 나오는 껍질 등을 말한다.

간 생선살 (すり身 : 스리미)
흰살생선을 갈은 것을 말한다.

매실과육 (梅肉 : 바이니쿠)
우메보시(梅干し)에서 씨앗을 뺀 후 갈아 으깬 것을 말한다.

떡 (もち : 모치)

찐 찹쌀을 끈기가 나올 때까지 절구에서 치댄 후, 둥글고 평평
하게 만든 것이다.

튀긴두부 (厚揚げ : 아츠아게)

두부를 기름에 튀긴 식품이다.

어묵 (カマボコ : 가마보코)

간 흰살생선에 조미료를 넣어 반죽한 것을 찌거나 구운 것을
말한다.

조린 밤 (栗の甘露煮 : 구리노칸로니)

깐 밤과 치자를 함께 삶아 시럽에 조린 밤이다.

튀긴찹쌀 (あられ : 아라레)

찹쌀을 쪄서 굽거나 튀긴 것이다.

모로미미소 (もろみ味噌)

보리, 콩, 쌀 등에서 제조한 누룩을 소금물에 담가 숙성시킨
것이다.

적된장 (赤味噌 : 아카미소)
쌀, 콩, 누룩이 주재료이며, 콩을 쪄서 섞어 숙성시켜 만든 것이다.

백된장 (白味噌 : 시로미소)
쌀, 누룩을 많이 사용한 된장으로, 적된장에 비해 숙성기간이 짧고, 염분이 적다.

04 그 외

큰실말 (もずく : 모즈쿠)
해조류의 하나로 쌉싸래한 맛을 가지고 있다.

순채 (じゅんさい : 쥰사이)
물이 맑은 늪에 사는 수련과 수초의 한 종류이다. 주로 무쳐먹거나 전골, 고기요리에 많이 이용한다.

절인 벚꽃잎 (桜の葉の塩漬け : 사쿠라노 하노 시오즈케)
벚꽃잎을 데쳐 소금에 절인 것이다.

죽순껍질 (竹の皮 : 다게노카와)
죽순을 감싸고 있는 껍질이다.

01 생선 밑손질 水洗い：미즈아라이

미즈아라이(水洗い)란 생선을 다룰 때 사용하는 용어로 생선의 비늘, 내장, 아가미 혹은 머리나 지느러미를 제거한 후 물로 깨끗이 씻어 물기를 제거하는 것을 말한다. 생선은 내장이 붙은 상태로 그냥 두게 되면 선도가 떨어지기 때문에 반드시 미즈아라이(水洗い)를 해두는 것이 좋다.

(1) 비늘 제거하기

① 바라비키(ばら引き)

비늘치기를 사용하여 비늘을 제거하는 방법으로, 대부분의 생선을 다루는 일반적인 방법이다. 왼손으로 생선의 머리를 잡고 꼬리부터 머리 방향으로 비늘치기를 이용해 비늘을 긁어 제거한다.

② 스키비키(すき引き)

칼을 사용하여 비늘을 제거하는 방법이다. 비늘만 얇게 벗겨내는 방법으로 살이 부드러운 생선이나 비늘이 자잘한 생선에 적합하다. (예 : 광어, 방어, 옥돔 등)

(2) 아가미와 내장 제거

머리는 그대로 두고 아가미와 내장을 함께 빼낸다. 머리를 잘라내기 전에 아가미와 내장을 먼저 제거하면 작업이 수월하다.

① 머리는 오른쪽으로 하고 배는 위를 향하도록 한 후 칼끝을 아가미 덮개 안으로 넣어 턱 밑에 붙어 있는 아가미를 자른다.
② 중간의 굵은 뼈로 연결되어 있는 아가미의 얇은 막을 자른다.
③ 가슴지느러미 부분의 뼈를 잘라 항문을 향해 배를 가른다.

④ 칼을 든 손으로 머리를 눌러 아가미와 내장을 같이 제거한다.
⑤ 중간의 굵은 뼈를 따라서 있는 검푸른 부분인 지아이(血合い) 막을 자른다.
⑥ 물 속에서 대나무 솔 등을 사용하여 배 속을 깨끗이 씻어낸다.

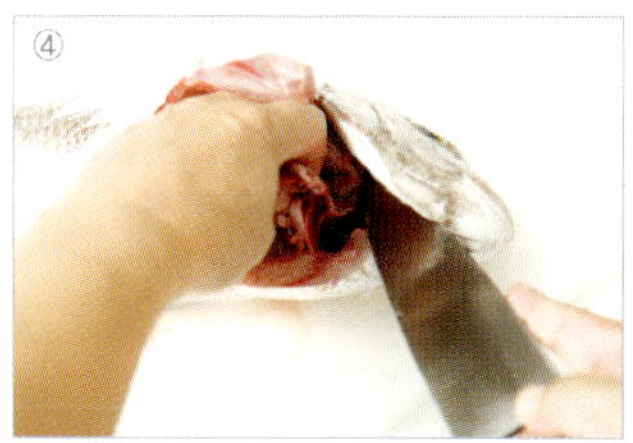
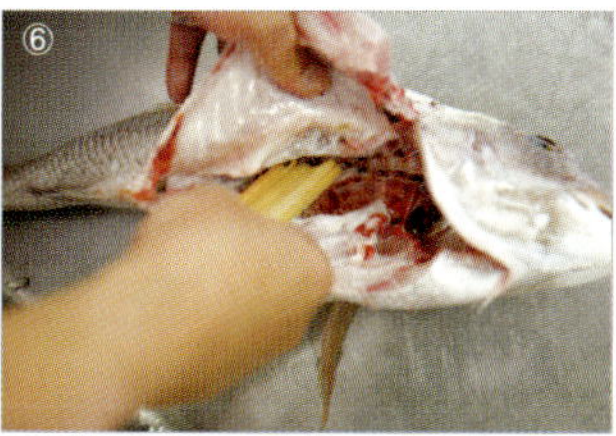

(3) 머리 제거

- 가마시타오토시(かま下落とし) : 가슴지느러미 살을 머리에 붙여 자르는 방법
- 스아타마오토시(素頭落とし) : 머리만 자르는 방법

02 생선살 뜨기 卸す : 오로스

(1) 도미 2장뜨기, 3장뜨기

도미처럼 몸통의 폭이 넓고 살이 탄탄한 흰살 생선을 다룰 때 이용한다.

① 꼬리 부분에 칼집을 넣는다.
② 머리를 오른쪽으로 하고 배 쪽부터 칼을 넣어 중간의 굵은 뼈를 따라 살을 분리한다.
③ 중간의 굵은 뼈에 붙어 있는 갈비뼈를 자른 다음, 그대로 왼손으로 살을 조금씩 넘기면서 뼈를 따라서
　 살을 분리한다.
④ 등 쪽에 붙어 있는 살을 잘라 완전히 분리한다(2장뜨기 : 2枚卸し).

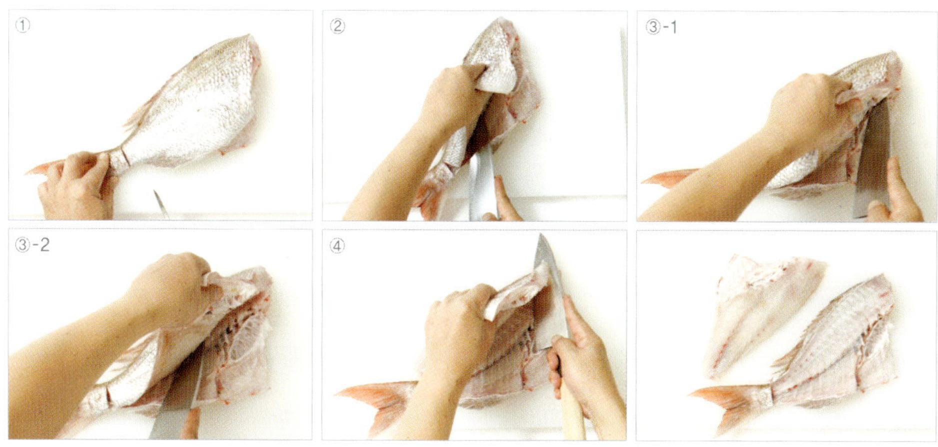

⑤ 뒤집어서 꼬리 부분에 칼집을 넣고, 등부터 중간의 굵은 뼈를 따라 살을 분리한다.
⑥ 중앙의 굵은 뼈에 붙어 있는 갈비뼈를 잘라주고, 왼손으로 살을 조금씩 넘기면서 살을 분리한다.
⑦ 배 부분에 붙어 있는 살을 잘라 완전히 분리한다(3장뜨기 : 3枚卸し).

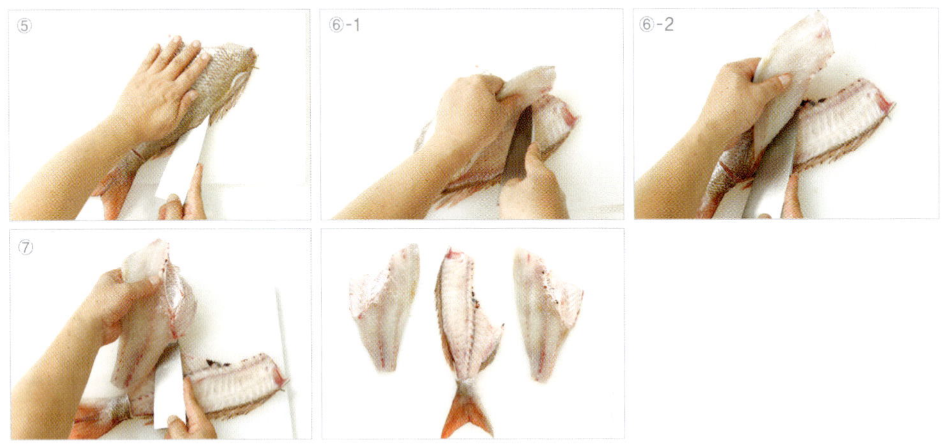

(2) 도미머리 자르는 법

도미의 머리는 도미머리구이(かぶと焼き : 가부토야키)나 도미머리찜(かぶと煮 : 가부토니)에 쓰기도 하고 적당한 크기로 잘라 국물 요리나 조림에 사용하기도 한다.

① 입안에 칼을 밀어 넣어 칼끝이 도마에 닿으면 눈과 눈 사이로 칼을 내려 2등분한다.
② 머리와 가슴지느러미 살을 분리한다.
③ 눈과 입 사이에 칼날을 넣어 자른다.
④ 뒤집어서 아가미 덮개까지 자른다.
⑤ 입에 붙은 아가미 덮개를 자른다.
⑥ 지느러미를 잘라 가지런히 정리한다.

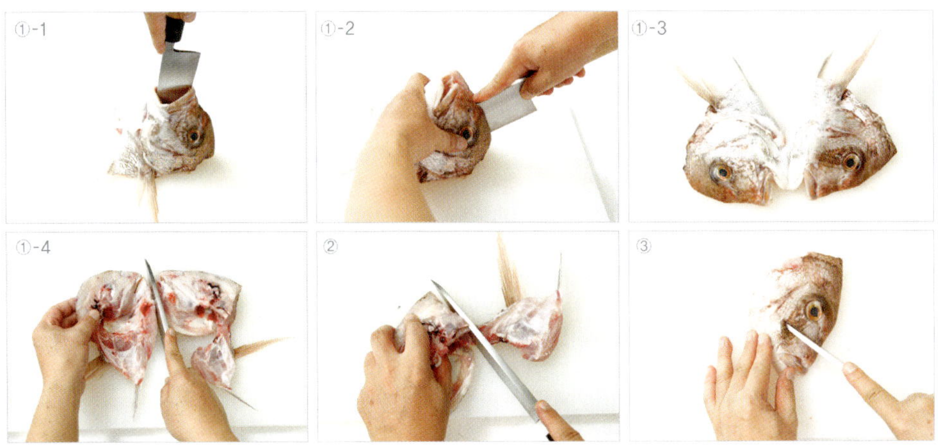

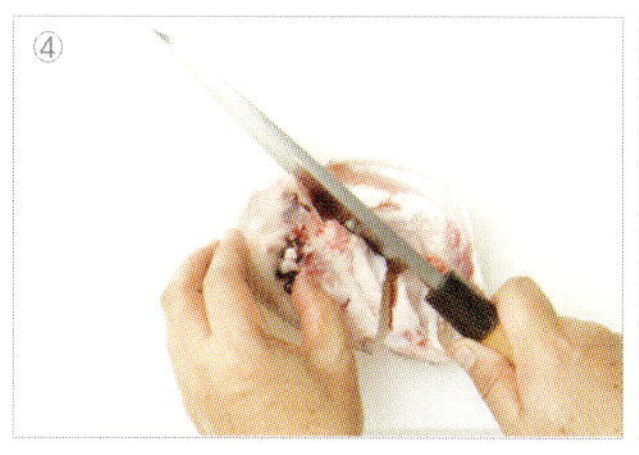 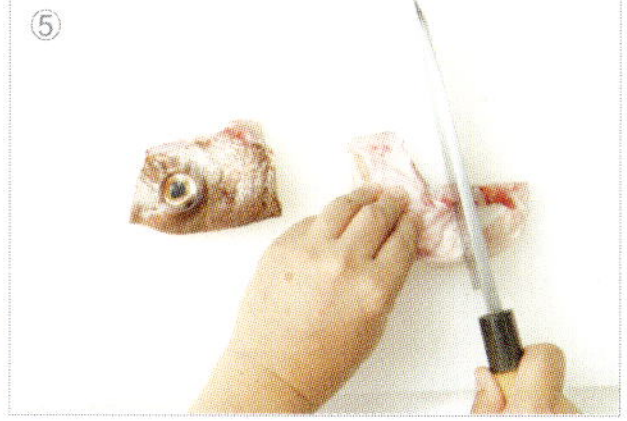 

(3) 고등어 2장뜨기, 3장뜨기

① 생선 머리부분을 오른쪽, 배를 앞으로 해서 칼을 넣어 위에서 아래로 중간의 굵은 뼈까지 칼집을 넣는다.
② 머리부분을 왼쪽, 등을 앞으로 방향을 바꾼 후 등지느러미 위로 칼을 넣어 중간의 굵은 뼈까지 칼집을 넣는다.
③ 꼬리 근처에 칼을 넣은 후, 왼손으로 꼬리를 누르고 칼의 방향을 바꿔 머리 방향으로 단번에 가른 다음 꼬리를 잘라낸다(2장뜨기 : 2枚卸し).

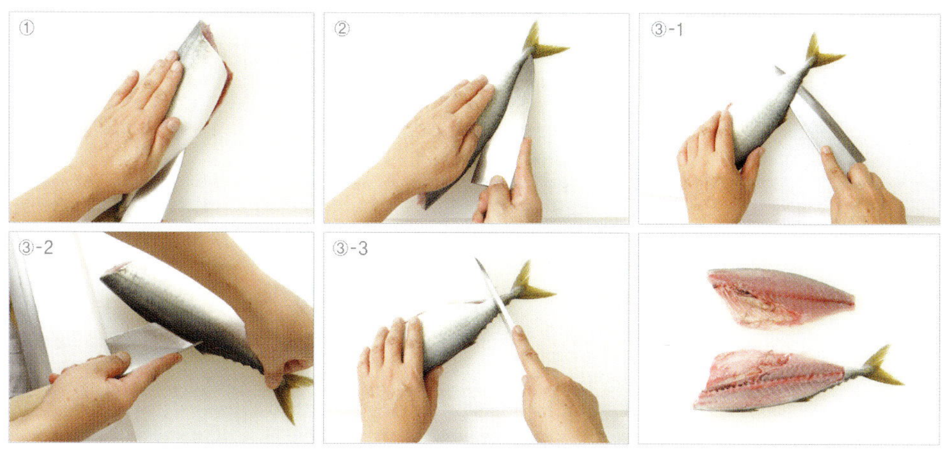

④ 뒤집어서 뼈가 붙은 살 쪽을 위로 하고 머리 부분은 오른쪽, 꼬리를 왼쪽으로 해서 등 쪽부터 칼을 넣어 중간의 굵은 뼈까지 칼집을 넣는다.
⑤ 생선의 방향을 바꾸어 배부터 칼을 넣어 중간의 굵은 뼈까지 칼집을 넣는다.
⑥ 꼬리 근처에 칼을 넣은 후, 왼손으로 꼬리를 누르고 칼의 방향을 바꿔 머리 방향으로 단번에 가른 다음 꼬리를 잘라낸다(3장뜨기 : 3枚卸し).

(4) 광어 5장뜨기

광어나 가자미처럼 몸통이 얇으면서 폭이 넓은 생선은 몸의 중앙에 칼집을 넣어 회를 뜨는데 이를 5장뜨기라고 한다.

① 몸통의 가운데와 꼬리 쪽에 칼집을 넣는다.
② 중앙의 칼집으로부터 몸통의 바깥쪽을 향해 칼을 움직여 살을 분리한다.
③ 방향을 바꾸어 같은 방식으로 한다.
④ 뒤쪽의 살도 같은 방법으로 몸통의 가운데와 꼬리 쪽에 칼집을 넣는다.
⑤ 중앙의 칼집으로부터 몸통의 바깥쪽을 향해 칼을 움직여 살을 분리한다.
⑥ 방향을 바꾸어 같은 방식으로 한다.

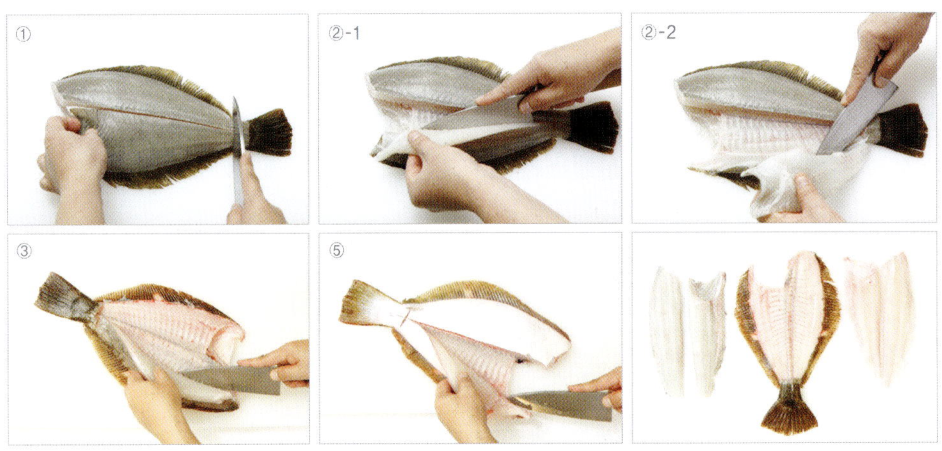

(5) 다이묘 오로시 (大名卸し)

보리멸, 학꽁치 등 가늘고 긴 작은 생선의 회를 뜰 때 쓰는 방법이다.

① 머리 부분은 오른쪽, 배는 앞쪽으로 향하게 두고 머리 쪽에서 꼬리를 향해 뼈 위로 칼을 넣어 단번에 잘라 뼈와 살을 분리한다.
② 뒤집어 뼈는 아래로, 머리 부분은 오른쪽, 등은 앞으로 두고 머리쪽에서 꼬리를 향해 뼈 위로 칼을 넣어 단번에 잘라 뼈와 살을 분리한다.

 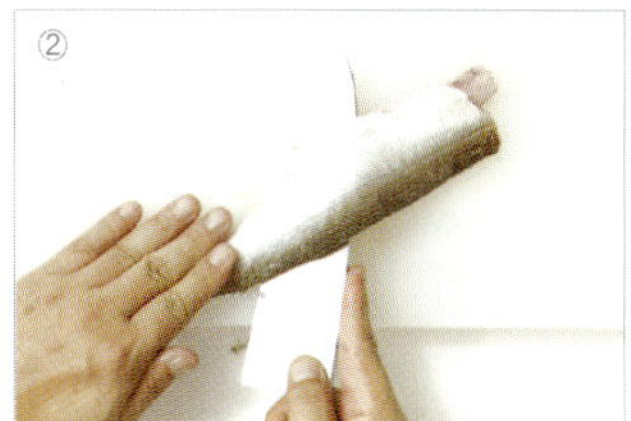 

03 갯장어 손질

갯장어 외에 민물장어, 붕장어와 같은 형태의 생선을 장물(長物)이라고 한다. 이와 같은 종류의 생선은 '생선 살을 뜬다'는 뜻의 오로스(卸す)라는 표현을 쓰지 않고 '펼치다'라는 뜻의 히라쿠(開く)라고 한다.

(1) 미즈아라이

① 머리를 왼쪽으로 한 후 머리에서 꼬리 방향으로 칼로 긁어 점액질을 제거한다.
② 머리를 오른쪽으로 하고 항문에 칼날을 조금 넣은 후 다시 칼을 뒤집어 턱까지 자른다.
③ 내장을 꺼낸 후, 깨끗이 씻고 물기를 제거한다.

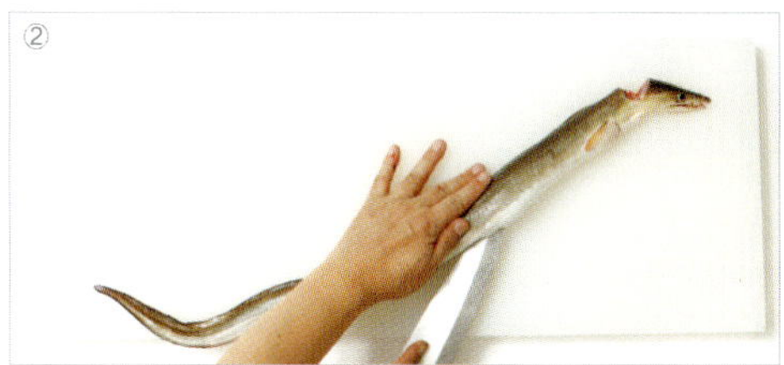 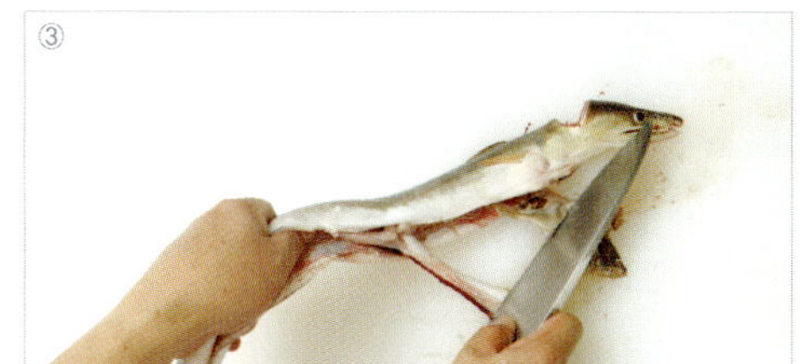

(2) 펼치기

① 도마 앞 10cm 부분에 머리는 오른쪽, 배는 앞을 향하도록 올린다.
② 칼을 약간 세워 머리에서 꼬리까지 살과 중간의 굵은 뼈 사이에 칼집을 넣는다.
③ 머리를 자르고, 뒤집어서 꼬리를 오른쪽, 껍질이 위를 향하게 놓고 꼬리 쪽부터 칼을 넣어 살과 뼈를 분리한다.
④ 가슴지느러미와 갈비뼈를 제거한다.
⑤ 등지느러미를 잘라낸다.

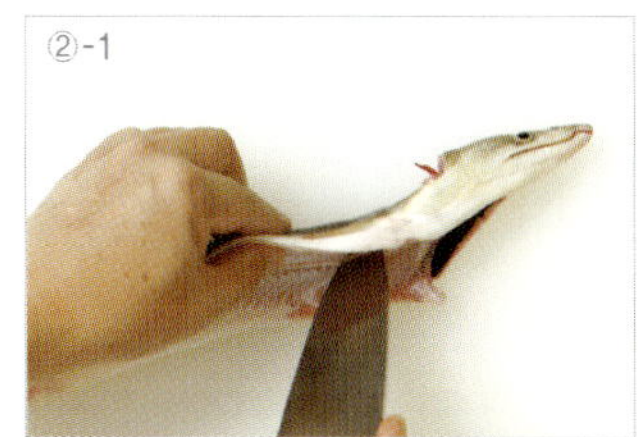 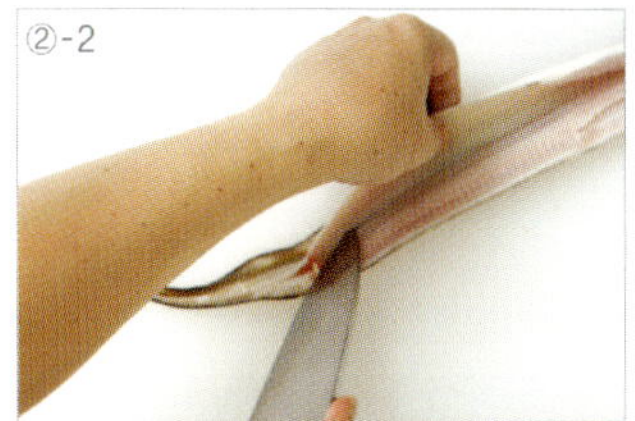 

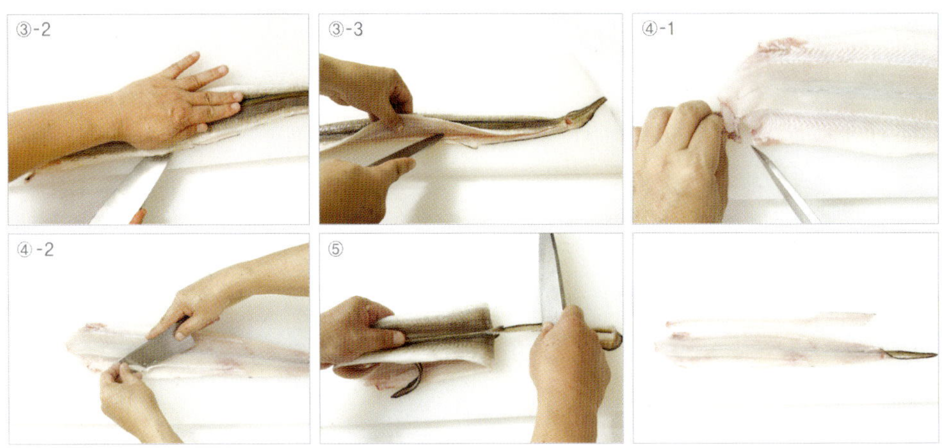

04 문어 손질

다양한 문어의 종류 중 참문어 손질법을 소개한다.

① 내장과 몸통을 잇는 힘줄을 자른다.
② 몸통을 거꾸로 뒤집어 내장을 제거한다.
③ 눈 부분을 잘라낸다.
④ 입 부분을 제거한다.
⑤ 문어다리 끝을 다듬는다.
⑥ 소금으로 문질러서 문어의 점액질을 닦아낸다.

06 자라의 손질 すっぽんのほどき方

• 자라 (すっぽん : 슷퐁)

자라는 진흙이 많은 곳에 서식해 고기에서 진흙 냄새가 난다. 따라서 비린내나 진흙 냄새를 없애기 위해서는 술이나 생강 등 향미료를 같이 사용해 요리해야 한다. 또한 밑손질이 끝난 자라는 속을 익힌 후 요리에 맞게 조리하면 된다. 자연산은 여름에 극히 한정된 지역에서만 구할 수 있어 일반적으로 판매되고 있는 것은 대부분이 양식이다. 양식은 자연산에 비해 육질이 부드럽고 진흙 냄새나 비린내가 적다. 크기는 4~5년산을 기준으로 800g~1kg정도가 요리에 적합하다.

❖ 자라 손질법

① 자라를 위로 향하게 하여 목을 잡는다.
② 목부분을 확실히 잡고 몸통을 물에 씻는다.
③ 목을 길게 뺀 후 칼집을 깊게 넣어 목과 몸통의 연결되는 관절을 끊는다.
④ 목을 잘라낸다.
⑤ 피가 굳지 않도록, 볼에 담아놓은 술에 따른다.

⑥ 자른 목 부분은 뒤집어 아래쪽의 턱뼈를 따라 V자로 칼집을 넣은 후 머리와 목을 분리한다.
⑦ 목 안의 식도를 제거한다.

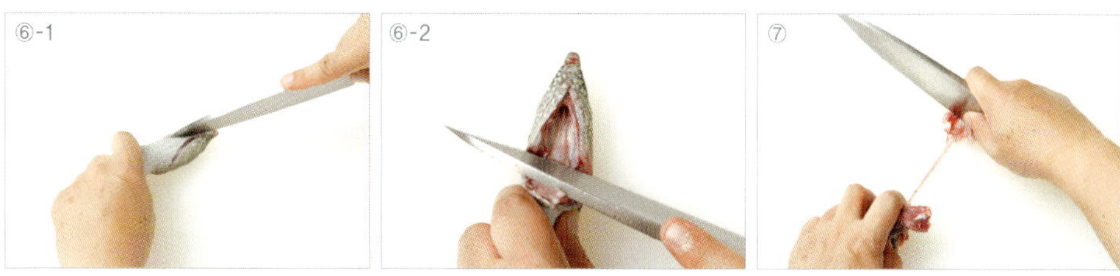

⑧ 딱딱한 등껍데기와 살 사이에 칼집을 깊게 넣어 둥근 모양으로 자른 후, 등껍데기와 살의 연결된 부분을 분리한다.

⑨ 뒷다리가 연결된 부분과 배 껍데기 끝 부분에 칼집을 넣는다. 칼로 배 껍데기를 누르고 왼손으로 뒷다리를 당겨 배 껍데기와 분리시킨다.

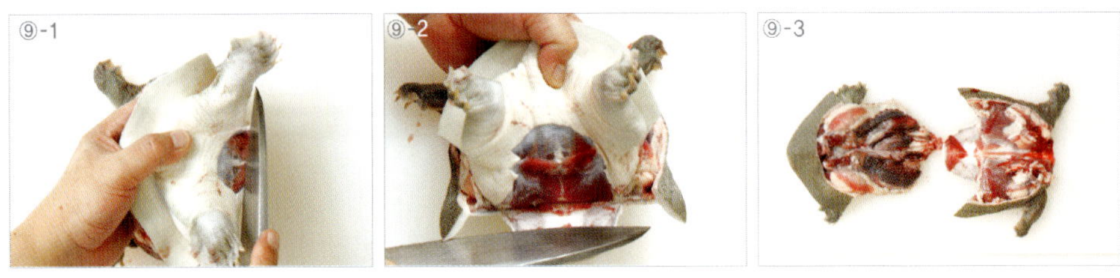

⑩ 뒷다리에 붙은 내장은 칼로 잘라 제거한다.
⑪ 뒷다리 부분은 뒤집어서 항문을 중심으로 양다리 부분을 잘라 3등분한 후, 가운데 부분의 항문은 잘라 버린다.
⑫ 앞다리 부분은 머리 부분을 앞으로 하고, 왼쪽 다리를 들고 중앙에서부터 칼집을 넣어 배 껍데기와 분리한다.
⑬ 돌려 남은 앞다리도 같은 방식으로 분리한다.
⑭ 앞다리와 뒷다리의 발톱을 제거한다.

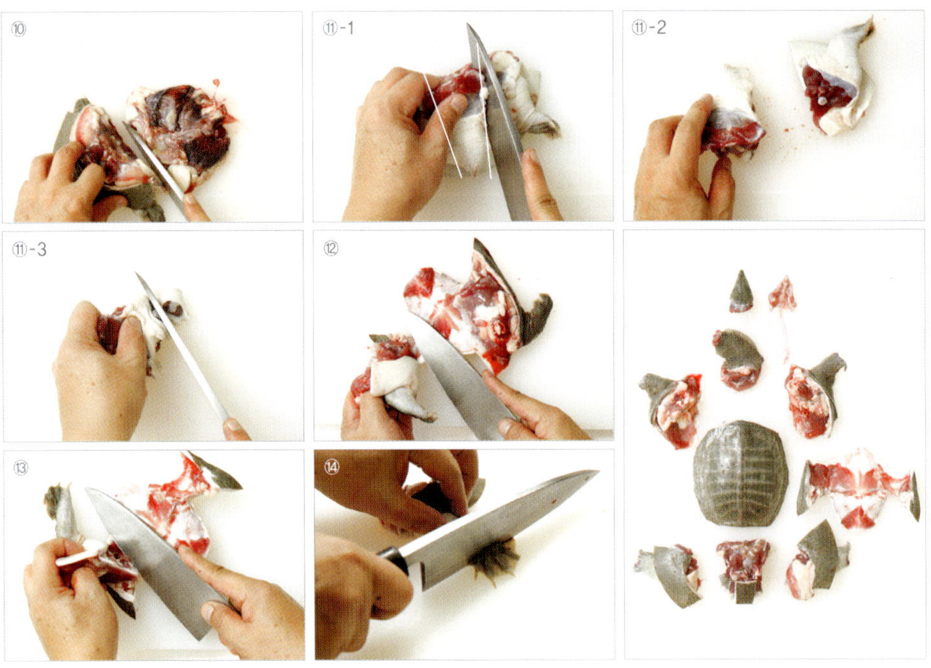

07 다시의 기초 出し汁の基礎

일본요리에서 다시는 다양한 요리에 사용된다. 다시마나 가다랑어포를 사용하여 다시를 뽑는데 그 방법과 재료에 따라 맛이 결정된다.

01 다시의 재료

(1) 가다랑어포 (かつお節 : 가츠오부시)
가다랑어의 회를 떠서 데친 후 훈제·건조시켜 곰팡이를 입힌 것이다.

① **혼부시(本節)** : 대형 가다랑어를 3장뜨기한 후 한쪽 살을 세로로 자른 것
② **가메부시(亀節)** : 작은 가다랑어의 한쪽 살로 만든 것
③ **오부시(雄節)** : 혼부시의 등 부분
④ **메부시(雌節)** : 혼부시의 배 부분

오부시는 지방이 적어 좋은 다시를 낼 수 있기 때문에 일반적으로 많이 사용한다. 메부시는 감칠맛이 나는 다시를 뽑을 수 있다. 생선 등쪽의 검푸른 부분(血合い : 지아이)을 제거하면 더욱 질 좋고 고급스러운 맛의 다시를 뽑을 수 있다.

(2) 그 외의 포 (雜節 : 자츠부시)
가다랑어포이외의 생선포를 말한다. 고등어포(鯖節 : 사바부시), 정어리포(いわし節 : 이와시부시), 물치다래포(そうだ節 : 소우다부시) 등이 있다.

(3) 다시마 (昆布 : 곤부)
다시마는 잘 건조되고 두툼하며 표면의 흰 가루가 전체적으로 고르게 있는 것이 좋다. 마콘부(真昆布)라는 다시마는 다시마 중에서도 맛이 좋은 고급 다시마이다. 마콘부를 이용하면 최상품의 다시를 뽑을 수 있다.

가다랑어포(鰹節 : 가츠오부시)　　　메부시(雌節) / 오부시(雄節)　　　다시마(昆布 : 곤부)

02 다시 뽑는 법

다시마와 가다랑어포만의 감칠맛이 녹아 있는 다시를 뽑는 것이 중요하다.

(1) 1번 다시 뽑는 법

재료 : 물 2ℓ, 다시마 30g, 가다랑어포(얇게 민 건조 제품) 50g

① 행주에 물을 묻힌 후 꽉 짜서 다시마 겉면을 가볍게 닦는다. 냄비에 물 2ℓ와 다시마를 넣고 끓인다.

② ①의 물이 약 10분 후에 끓어오를 정도로 불 조절을 한다. 끓기 직전 다시마가 부드러워졌는지 손톱으로 눌러보아 확인한 후 다시마를 꺼낸다(손톱이 쉽게 들어가면 된다).

③ 끓기 시작하면 위에 뜨는 거품을 걷어낸 후 찬물을 살짝 부어 온도를 낮춘다.

④ 가다랑어포를 넣은 후 거품을 걷어 낸 다음 체에 거른다.

(2) 2번 다시 뽑는 법

1번 다시에서 사용한 다시마, 가다랑어포를 이용해 뽑는다.

재료 : 물 2ℓ, 1번 다시를 뽑은 다시마와 가다랑어포, 가다랑어포(얇게 민 건조 제품) 20g

① 냄비에 1번 다시를 뽑을 때 사용한 다시마, 가다랑어포 그리고 물 2ℓ를 넣고 끓인다.

② 물이 끓으면 불을 약하게 줄여 10분간 더 끓인다.

③ 가다랑어포를 넣고 잠시 두었다가(가다랑어포가 가라앉을 정도) 불을 끈 후 체에 거른다.

(3) 그 외

멸치를 이용해 만든 멸치 다시, 닭뼈를 이용해 만든 닭뼈 다시, 다시마로 낸 다시마 다시, 건표고버섯으로 낸 버섯 다시, 콩으로 낸 다시 등이 있다.

08 절임 漬け物

절임은 채소류를 오래 보관하기 위해 만든 요리이다. 채소를 소금, 쌀겨, 간장 등을 사용한 조미액에 담그거나 절임 반죽에 묻어둠으로써 저장성을 높이고 채소 특유의 감칠맛을 살리는 효과가 있다. 절임은 고노모노(香の物)로서 코스 메뉴에서 식사 시 제공된다.

01 소금 절임 塩漬け 시오즈케

재료를 식염에 절인 것으로 절임의 가장 기본이 된다. 소금 절임에는 단시간에 적당한 식감과 짠 맛을 내는 겉절이(浅漬け : 아사즈케)와 독특한 풍미를 내는 보존 절임(保存漬け : 호존즈케)이 있다.

02 쌀겨된장 절임 糠味噌漬け 누카미소즈케

재료 : 쌀겨 2kg, 소금 400g, 물(끓인 후 식힌 것) 3ℓ, 다시마·말린 홍고추 약간

① 분량의 재료를 모두 섞은 후 용기에 담는다.

② 발효되지 않은 반죽에 채소를 바로 넣게 되면 맛이 없으므로 채소의 껍질이나 사용하지 않는 부분을 넣어 1주일간 숙성시킨다.

③ 넣어뒀던 채소는 버리고 절이고자 하는 채소를 깨끗이 씻은 다음 표면이 다 덮힐 정도로 깊숙이 넣고 절인다.

03 된장 절임 味噌漬け 미소즈케

된장에 청주, 미림, 간장 등을 넣어 조미한 것을 용기에 담는다. 가지와 산우엉(山ごぼう : 야마고보)의 표면이 다 덮힐 정도로 넣어 절인다.

04 그 외의 절임

식초 절임(酢漬け : 스즈케), 술지게미 절임(粕漬け : 가스즈케), 누룩 절임(麹漬け : 고지즈케), 간장 절임(醬油漬け : 쇼유즈케), 겨자 절임(からし漬け : 가라시즈케) 등이 있다.

09 일본술 日本酒

2천 년의 역사를 가지고 있는 일본의 술, 니혼슈(日本酒). 일본에서는 요리를 맛있게 먹기 위해 니혼슈가 있고, 니혼슈를 맛있게 마시기 위해 요리가 있다고 말할 정도로 요리와 술은 가까운 관계이다.

01 니혼슈의 특징

① 음용 온도대의 폭이 매우 넓다

다른 술과 비교해 음용 온도대의 폭이 매우 넓은 것이 니혼슈의 가장 큰 특징이다. 차게 하거나 상온으로, 혹은 따뜻하게 데워 즐길 수 있는 다양성이 있다. 특히, 따뜻하게 데워서 마시는 술은 일반적으로 보기 어렵지만 니혼슈에서는 쉽게 찾아볼 수 있다. 데워서 마시는 술이야말로 니혼슈의 매력을 잘 살린 음주 스타일이라고 볼 수 있다.

② 몸을 차게 하는 성질이 적다

알코올을 포함한 음료는 모두 몸을 차게 하는 성질을 가지고 있는데, 니혼슈는 다른 술에 비해 몸을 차게 하는 성질이 적다. 그래서 '몸에 가장 부담이 없는 알코올'이라고 불리며 주목을 받고 있는 것이다.

③ 피부를 좋게 하는 효과가 높다

니혼슈 제조에 있어서 빼놓을 수 없는 것이 바로 누룩. 누룩에는 피부의 노화를 방지하고 피부를 하얗게 만들어주는 성분이 함유되어 있다. 따라서 니혼슈는 마시는 용도 외에 요리에 넣거나 화장수로도 사용되며 목욕 시에 넣어 사용하기도 한다.

02 니혼슈의 종류

니혼슈는 쌀을 원료로 하는 양조주로 청주(淸酒)라고도 불린다. 원료가 되는 쌀이나 제조법에 따라 음양주(吟醸酒 : 긴조슈), 순미주(純米酒 : 준마이슈), 본양조주(本醸造酒 : 혼조조슈) 등으로 나눌 수 있다.

① 음양주 (吟醸酒 : 긴조슈)

정미율 60% 이하인 흰쌀, 쌀누룩, 물과 양조용 알코올을 원료로 제조한 술이다. 정미율 50% 이하인 흰 쌀을 사용해 쌀 고유의 향이 살아 있고 맛이 부드럽다. 사용하는 양조용 알코올 첨가량은 흰쌀 중량의 10%를 넘지 말아야 하며 빛깔이 뛰어난 술을 대음양주(大吟醸酒 : 다이긴조슈)라고 부르기도 한다.

② 순미주 (純米酒 : 준마이슈)

흰쌀, 쌀누룩, 물을 원료로 제조한 술이다. 양조용 알코올이나 당류를 넣지 않아 쌀의 순수한 맛이 살아 있고 부드럽고 순한 맛이 특징이다.

③ 본양조주(本醸造酒 : 혼조조슈)

정미율 70% 이하인 흰쌀, 쌀누룩, 물과 양조용 알코올을 원료로 제조한 술이다. 향미, 빛깔이 뛰어나 많은 사랑을 받고 있다. 본양조주를 만들 때는 양조 알코올 첨가량이 흰쌀 중량의 10%를 넘지 않아야 한다.

* 정미율이란, 쌀을 도정하는 비율을 말한다 (예: 정미율 70%는 30%의 쌀을 깎아낸 것).

10 일본요리의 식기 日本料理の器

01 다양한 재질

일본요리 식기의 재질은 다양하다. 도자기가 대부분이지만 나무, 대나무, 종이 같은 식물 재질, 조개 껍질이나 나뭇잎 같은 자연 그대로의 재질이나 모양을 그릇으로 사용하기도 한다. 나무의 경우 아무것도 바르지 않은 그대로의 재질을 사용하거나 옻칠 등을 하여 사용한다. 또 드물게는 얼음 그대로를 그릇으로 사용하는 일도 있다.

유리나 금속, 플라스틱 등 무기질의 재질도 사용되지만 자연스러운 감각을 살리는 것을 중요하게 생각하므로 금속이나 플라스틱은 잘 사용되지 않는다.

02 다양한 형태

도자기 그릇은 주로 원형이 대부분이지만 사각형, 육각형, 타원형이나 비뚤어진 모양 등 다양한 형태가 있으며, 식물이나 조개 껍질 등을 이용하는 경우에는 그 본래의 자연스러운 모양을 살리는 경우가 많다.

03 여백을 소중하게 여긴다

요리를 담을 때는 요리 이외의 여백을 중요하게 생각한다. 그래서 요리의 양에 비해 약간 큰 식기에 담는 경우가 많다.

04 손에 들고 먹기 좋은 식기를 사용한다

고대의 일본에는 젓가락과 숟가락이 동시에 전해졌으나 숟가락은 점점 사용하지 않게 되어, 1000년 이상 숟가락을 사용하지 않고 젓가락만을 사용하여 요리를 먹었다. 그 결과, 기본적으로는 식기를 손에 들고 먹는 것이 바른 식습관이 되었다.
식기는 손에 들 만한 무게이면서 뜨거운 요리도 그 온도가 전달되지 않아야 하며, 국물 요리(국, 우동, 소바 등)의 경우는 식기를 입에 대고 국물을 마셔야 하므로, 입에 대었을 때의 촉감도 중요하다.

05 계절감을 반영한 그릇을 고른다

일본요리에서는 계절감을 상당히 중요하게 생각하는데, 이러한 경향은 식기의 선택에서도 나타난다.
매화나 벚꽃, 단풍 등은 각각의 계절에서만 사용하며, 유리 그릇은 시원해 보이므로, 여름에 많이 사용한다.

06 식기에도 변화를

일본요리에서는 코스 요리 메뉴의 소재와 맛에 변화를 주는 것처럼 식기에도 변화를 준다. 그래서, 하나의 코스 요리에서 같은 재질이나 모양의 식기를 여러 번 사용하지 않는다.

11 그릇에 담기 盛り付け

(1) 요리를 돋보이게 담는다

요리는 그릇에 가득 담는 것이 아니라 적당한 공간을 남기고 담으면 깔끔하게 보이며 요리와 그릇 모두 조화를 이루어 아름답게 보인다. 요리와 그릇의 여백의 비율은 일반적으로, 6대4, 7대3이 좋다고 한다. 여름은 여백을 많이 남겨 깨끗이 보이도록, 겨울은 여백을 적은 듯 하게 하여 따뜻하게 보이도록 담는다.

(2) 그릇의 형태에 맞게 담는다

평면적인 그릇에 담을 때에는 입체적으로 담고 곁들임을 앞쪽에 둔다. 깊이가 있는 그릇에는 중앙을 높게 해 깔끔하게 담으며 너무 많이 담지 않도록 주의한다.

(3) 요리의 특성을 살려 담는다

먹기 쉬운 크기로 자른다. 분량은 요리 종류에 맞추어 조정한다. 뜨거운 것이 식거나 차가운 것이 미지근해지지 않도록 솜씨 좋게 담는 것이 중요하다.

12 메뉴 짜는 법 メニューを立てる方法

(1) 계절감이 느껴지도록 한다

요리에 있어 계절감을 중요하게 생각하지 않는 나라는 어디에도 없다. 일본요리는 특히 사계절의 감각을 요리에 나타내는 것을 중요시한다. 사계(四季)를 한층 더 세분화시킬 정도로 계절감을 존중하고 있다. 이는 일본이 섬나라이고, 바다에 둘러싸여 육식보다는 어패류와 채소류를 많이 먹는 나라이기 때문이다.

(2) 재료에 변화를 준다

어패류, 육류, 채소, 건어물, 가공품 등을 균형 있게 메뉴에 넣는다. 특히, 궁합이 잘 맞는 제철 재료(出会いもの : 데아이모노)를 하나의 요리에 함께 넣는다. 원칙적으로 전체 메뉴에서 같은 주재료가 겹치지 않도록 요리를 구성하지만 송이버섯이나 죽순, 갯장어 등 가치가 높은 재료는 2~3품까지라면 중복해서 사용해도 된다.

(3) 흐름에 변화를 준다

재료, 조리법, 맛, 색깔, 형태 등이 중복되지 않도록 하여야 하며 메뉴 중에 메인이 되는 요리를 넣는 것이 좋다. 또한 요리마다 강약의 흐름을 주어 메뉴의 후반부가 약하다고 생각되지 않도록 한다. 전체적으로 요리의 양이 많거나 간이 세면 음식을 먹는 사람이 만족감을 느끼지 못할 수도 있으므로 주의 하도록 한다.

椀物

국물

일본요리에는 완사시(椀刺し)라는 말이 있듯이 일본인의 식단에서 국물 요리와 회는 빼놓을 수 없는 중요한 요리이다. 이는 코스의 메인 요리가 되기 때문이다. 국물 요리(椀物 : 완모노)의 종류로는 술 안주로 내는 스이모노(吸物)와 밥과 함께 내는 시루모노(汁物)가 있고, 구성하는 요소로는 완다네(椀種), 완즈마(椀妻), 스이구치(吸口) 3가지가 있다.

먼저 국물 요리의 주재료인 완다네(椀種)는 어패류나 육류, 채소 등 여러 가지가 사용된다. 주재료를 돋보이게 하는 부재료인 완즈마(椀妻)는 대개 제철 채소를 많이 사용한다. 마지막 요소인 스이구치(吸口)는 계절의 향이나 맛의 악센트를 주는 것으로 봄에는 산초잎, 여름에는 영귤, 가을·겨울에는 노란 유자 등을 많이 사용한다. 이 3가지의 요소에 가장 중요한 재료인 국물, 스이지(吸地)를 넣으면 국물 요리가 완성된다. 스이지는 주로 1번 다시를 사용하는데 다시의 맛을 통해 요리사의 실력은 물론 가게의 품격도 가늠할 수 있다고 한다.

국물 요리의 종류로는 맑은국인 스마시지루지타테(澄まし汁仕立て)와 우시오지타테(潮仕立て), 된장을 사용한 미소지타테(味噌仕立て), 재료를 갈아 국물의 농도를 진하게 한 스리나가시지타테(すり流し仕立て), 칡전분을 사용한 요시노지타테(吉野仕立て)와 우스쿠즈지타테(薄葛仕立て) 등이 있다.

국물 요리는 둥근 국그릇에 색채가 잘 어우러지게 담아 계절을 표현하는 것이 포인트이다.

若竹椀

죽순 맑은국

재료(4인분)

죽순(생) 400g, 미역 40g, 산초잎 8장, 쌀겨 약간, 말린 홍고추 1~2개

- **스이지** 吸地 다시 600cc, 청주 15cc, 소금 약간, 연간장 5cc
- **스이지핫포** 吸地八方 다시 200cc, 소금 약간, 연간장 3cc

만드는 법

1 죽순은 깨끗이 씻은 후 이삭의 뾰족한 끝 부분을 제거한다.

2 미역은 물에 불린 후 줄기 부분을 제거하고 2cm 길이로 자른다.

3 냄비에 **1**의 죽순, 물(분량 외), 쌀겨, 말린 홍고추를 넣은 후 오토시부타를 덮어 끓인다.

4 끓으면 약불로 줄인 후 죽순의 뿌리 쪽을 쇠꼬챙이로 찔러본다. 이때 쇠꼬챙이가 쉽게 들어가면 다 익은 것이므로 죽순을 건져낸다.

5 죽순 표면에 묻은 쌀겨를 깨끗이 씻고, 죽순의 울퉁불퉁한 껍질을 제거한다.

6 죽순은 이삭 부분을 길이로 2등분한 후 3mm 두께로 얇게 썬다. 냄비에 분량의 스이지핫포와 함께 담가 맛이 배도록 조린다.

7 냄비에 다시를 끓인 후 연간장, 소금으로 간한다. 청주를 넣고 한 번 더 끓여 스이지를 만든다.

8 준비한 죽순, 미역을 살짝 데운 후 그릇에 담고 산초잎을 얹은 후 **7**을 부어 완성한다.

Cooking tip

- **스이지(吸地)** : 다시에 소금, 간장, 일본된장 등을 넣어 만든 것이다. 스이지는 국물을 다 마실 수 있을 정도로 연하게 간을 하는 것이 좋은데 여름에는 담백하게 겨울에는 약간 진하게 만든다.
- **스이지핫포(吸地八方)** : 재료에 맛을 첨가하는 조미국물이다. 스이지보다 간을 진하게 만드는 게 좋은데 맛이 잘 배지 않는 재료는 스이지핫포에 넣어 끓이고 색이 변하기 쉬운 재료는 식힌 스이지핫포에 담가 맛이 배도록 한다.
- **쌀겨** : 현미, 보리 등을 도정하여 정백할 때 생기는 과피(果皮)이다.

海老真丈の澄まし仕立て

새우 맑은국

재료(4인분)

보리새우(냉동새우 대체 가능) 4마리, 간 흰살생선살 160g, 땅두릅(4cm) 1뿌리, 시금치 4줄기, 청유자 약간

- **다마고노모토** 卵の素 달걀노른자 1개 분량, 식용유 50cc
- **스이지** 吸地 다시 600cc, 청주 15cc, 소금 약간, 연간장 10cc
- **스이지핫포** 吸地八方 다시 200cc, 소금 약간, 연간장 4cc

만드는 법

1 달걀노른자에 식용유를 조금씩 넣으며 분리되지 않도록 섞어 다마고노모토를 만든다.

2 보리새우는 머리와 껍질을 제거한 후 굵게 다진다.

3 간 흰살생선살을 절구에 넣고 간 다음, 다마고노모토를 넣어 한 번 더 곱게 간다.

4 **3**에 **2**를 넣고 잘 섞은 반죽을 랩으로 감싸 동그랗게 모양을 잡은 후 김이 오른 찜통에서 20분간 찐다.

5 땅두릅은 껍질을 두껍게 벗겨낸 후 붓꽃 모양으로 자르고 끓는 물에 데쳐놓는다.

6 시금치는 줄기만 남도록 손질한 후 끓는 물에 소금을 넣어 살짝 데친다. 데친 시금치는 찬물에 헹궈 물기를 제거한 후 10cm 길이로 맞춰 썬다.

7 손질한 땅두릅, 시금치를 스이지핫포에 담가 맛이 배도록 한다.

8 냄비에 다시를 끓인 후 연간장, 소금으로 간한다. 청주를 넣고 한 번 더 끓여 스이지를 만든다.

9 **4**의 새우완자와 땅두릅, 시금치를 그릇에 담은 후 청유자 껍질로 장식한다. 따뜻한 스이지를 부어 완성한다.

Cooking tip

- **다마고노모토(卵の素)** : 달걀노른자에 식용유를 넣어 섞은 것이다. 다마고노모토를 넣어줌으로써 반죽이 잘 섞이고 맛이 한층 더 부드러워진다.

鱧と松茸の土瓶蒸し

갯장어와 자연송이 질주전자찜

재료(4인분)

갯장어 120g, 송이버섯(자연산) 1개, 은행 4알, 참나물 4줄기, 영귤 1개, 칡전분 약간

- **스이지** 吸地 다시 600cc, 청주 15cc, 소금 약간, 연간장 10cc

만드는 법

1 갯장어를 손질한다.

2 손질한 갯장어에 촘촘하게 칼집을 넣어 잔가시를 끊어준 후, 칡전분을 묻혀 끓는 물에 데친다.

3 송이버섯은 흐르는 물에 씻은 후 길이로 8등분한다.

4 참나물은 줄기만 남도록 손질해서 끓는 물에 소금을 넣어 데친 후 3cm 길이로 썬다.

5 겉껍질을 벗긴 은행은 끓는 물에 소금을 넣어 데친 후 속껍질을 제거한다.

6 냄비에 다시를 끓인 후 연간장, 소금으로 간한다. 청주를 넣고 한 번 더 끓여 스이지를 만든다.

7 질주전자에 손질한 갯장어, 송이버섯, 스이지를 붓고 찜통에서 10~15분간 찐 후 은행, 참나물을 넣는다. 손질한 영귤을 곁들인다.

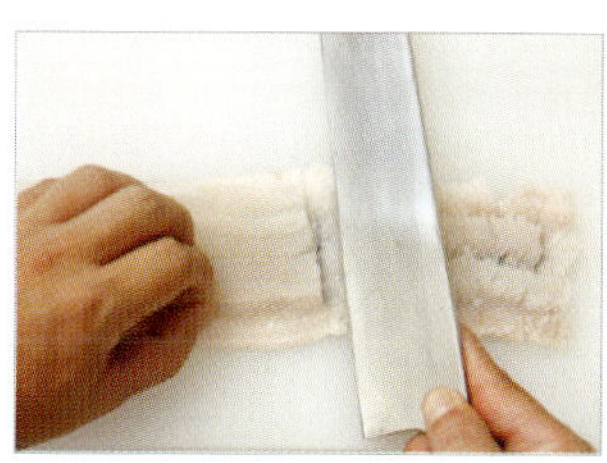

Cooking tip

- 작은 화로와 함께 내도 좋다.

- **찜(土瓶蒸し : 도빙무시) 먹는 방법** : 질주전자 그릇에 영귤즙을 한두 방울 떨어뜨려 국물을 먼저 마신 다음 갯장어, 채소 등을 함께 먹는다.

鯵のつみれ汁　合わせ味噌仕立て

전갱이 완자 된장국

재료(4인분)

우엉 1/2개, 전갱이(200g) 2마리, 시치미 약간, 멸치다시 600cc, 적된장 20g, 백된장 35g
- **완자** 생강 10g, 쪽파 2대, 달걀 1/2개, 소금 약간, 산초가루 약간

만드는 법

1 전갱이는 3장뜨기한 후 잔가시와 껍질을 제거하고 곱게 다진다.

2 생강은 곱게 다지고, 쪽파는 잘게 썬다.

3 절구에 **1**과 소금을 넣고 곱게 간다. 이때, 점성이 생기기 시작하면 풀어놓
   은 달걀을 넣어 농도를 조절한다.

4 **3**에 손질한 생강과 쪽파를 넣고 고무주걱으로 잘 섞는다.

5 **4**의 반죽을 손을 이용해 동그란 완자 모양으로 만든 후, 젓가락으로 집어
   끓는 물에 넣어 익힌다.

6 완자가 물 위에 떠오르면 2~3분간 더 끓여 속까지 완전히 익힌 후 건진다.

7 우엉은 연필 깎듯이 썬 후 끓는 물에 살짝 데친다.

8 냄비에 멸치다시를 붓고 적된장과 백된장을 체에 받쳐 풀어준다. 이때, 간
   을 보면서 된장의 양을 조절한다.

9 **8**에 완자, 우엉을 넣고 끓인다. 한 번 끓어오르면 그릇에 담고 시치미를 뿌
   려 완성한다.

 *Cooking tip*

- **미소지타테(味噌仕立て)** : 된장의 풍미를 살린 국물 요리이다. 짠맛이 강하고 담백하며 향이 진한 적된장과 부드럽고 단맛이 강한
  백된장을 섞은 아와세미소(合わせ味噌)는 재료나 계절에 따라 된장 비율을 달리해도 된다.
- **츠미레(つみれ)** : 갈아놓은 반죽을 젓가락으로 집어 물에 데치는 것을 말한다.
- **시치미(七味)** : 홍고추분말, 파래분말, 김, 흰깨, 진피, 흑임자, 산초 등을 혼합한 것이다.

鯛の潮仕立て

도미 맑은국

재료(4인분)

도미머리 1마리 분량, 산초잎 4장, 소금 30cc, 무 30g, 당근 20g, 대파(흰 부분) 1/2대,
생강 10g

- **스이지** 吸地 물 1000cc, 다시마 5g, 청주 50cc, 소금 약간, 연간장 약간

만드는 법

1 도미머리는 2등분한 후 눈, 입, 가슴지느러미 쪽 살로 나누어 깨끗이 씻는다.

2 손질한 도미에 소금을 뿌려 10~15분간 둔다.

3 **2**의 도미에서 수분이 나오면 끓는 물에 넣었다가 꺼내 남은 비늘과 피 등
을 깨끗하게 제거한다.

4 무와 당근은 5mm 두께의 직사각형 모양으로 썬 후 끓는 물에 살짝 데친다.

5 대파는 3cm 길이로 썬 후 곱게 채 썰어 찬물에 담가둔다.

6 냄비에 분량의 물과 밑손질한 도미머리, 다시마를 넣고 끓인다. 끓기 시작
하면 거품을 걷어낸 후 10~15분간 더 끓인다.

7 도미뼈에서 국물이 충분히 우러나면 뼈는 건져내고 국물은 체에 거른다.

8 국물을 다시 냄비에 붓고 한 번 더 끓인 후 소금, 연간장, 청주로 간한다.

9 도미머리, 무, 당근을 넣고 살짝 데운 후 생강즙을 뿌리고 그릇에 담는다.
대파와 산초잎으로 장식한다.

Cooking tip

- **우시오지타테(潮仕立て)** : 도미나 대합 등 주재료의 맛을 살린 국물 요리이다. 재
료에 물, 청주, 다시마를 넣어 재료가 가진 감칠맛을 살려 다시를 만든 후 소금으로
간한다. 우시오지타테를 만들 때에는 신선한 재료를 사용해야 한다. 또한 끓을 때 떠
오르는 거품은 제거해주고 재료가 많이 익지 않도록 주의해야 한다.

蟹のすり流し

게살 스리나가시

꽃게 1/2마리, 만가닥버섯 50g, 꼬투리강낭콩 4줄기, 노란 유자 1/4개

- **달걀두부** 달걀 2개, 다시 150cc, 미림 5cc, 소금 약간, 연간장 2.5cc
- **스이지 吸地** 다시 600cc, 청주 15cc, 소금 약간, 연간장 5cc, 물에 푼 칡전분 15cc

만드는 법

1 꽃게는 배와 등을 분리한 후 다리와 몸통을 적당한 크기로 자른다.

2 손질한 꽃게에서 살을 발라낸 후 절구에 넣어 곱게 간다. 이때, 다시를 조금씩 섞는다.

3 **2**를 냄비에 붓고 덩어리가 지지 않도록 저어주며 끓인다.

4 **3**의 냄비에 소금과 연간장, 청주를 넣고 물에 푼 칡전분을 넣어 농도를 조절해 스이지를 완성한다.

5 달걀두부에 들어가는 달걀은 잘 풀어준 후 분량의 재료와 섞는다.

6 **5**를 굳힘틀에 붓고 김이 오른 찜통에 넣어 10분간 찐다. 이때, 찌는 도중에 표면이 흰색으로 변하면 약불로 줄인다.

7 굳힘틀을 제거한 후 충분히 식혀 한입 크기로 썬다.

8 만가닥버섯은 흙을 제거한 후 한입 크기로 찢는다. 꼬투리강낭콩은 질긴 줄기를 제거하고 10cm 길이로 자른다.

9 손질한 만가닥버섯과 꼬투리강낭콩을 각각 끓는 물에 데친다.

10 유자는 껍질을 벗겨 속의 흰 부분을 제거한 후 껍질을 작은 사각형으로 자른다.

11 그릇에 따뜻하게 데운 달걀두부를 넣고, 만가닥 버섯과 꼬투리강낭콩으로 장식한다.

12 스이지를 붓고 자른 유자 껍질을 뿌린다.

Cooking tip

- **스리나가시지타테(すり流し仕立て)** : 재료를 으깨 체에 거른 것에 다시나 된장 등을 넣은 국물 요리. 대표적으로 사용되는 재료는 새우, 게, 콩류 등이 있다.

えんどう豆のすり流し

완두콩 스리나가시

재료(4인분)

완두콩 200g, 가지 1/2개, 성게알 4알, 청유자 1/4개, 다시 100cc

- **스이지** 吸地 다시 300cc, 소금 약간, 연간장 3cc, 물에 푼 칡전분 8cc
- **스이지핫포** 吸地八方 다시 200cc, 소금 약간, 연간장 약간

만드는 법

1. 완두콩은 껍질을 깐 후 끓는 물에 소금을 넣고 데친다. 선명한 초록색이 되면 찬물에 담가 식힌다.

2. 완두콩의 얇은 속껍질을 벗긴 후 믹서에 곱게 간다.

3. 다시 100cc를 넣고 한 번 더 간 후 체에 내린다.

4. 가지의 아랫부분에 구멍을 뚫은 후 직불로 속까지 굽는다.

5. 구운 가지의 껍질을 벗긴 후 2cm 길이로 썰어 스이지핫포에 담가 맛을 들인다.

6. 냄비에 다시를 끓인 후 연간장, 소금으로 간하여 스이지를 만든다. 물에 푼 칡전분을 넣어 농도를 조절한 후 **3**을 넣는다.

7. 유리 그릇에 구운 가지를 담고, 차갑게 식힌 **6**을 붓는다. 성게알로 장식하고 유자 껍질을 강판에 갈아 뿌린다.

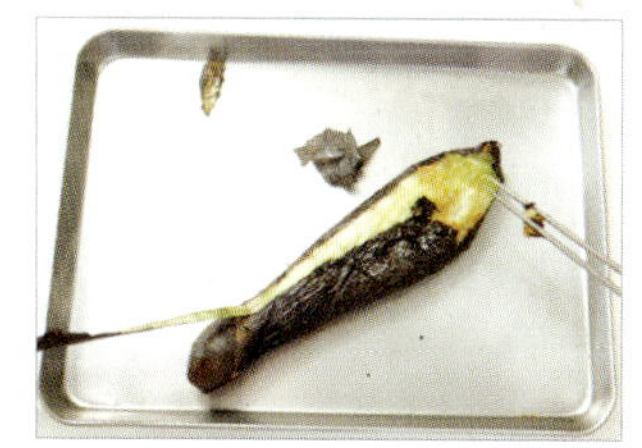

甘鯛のみぞれ薄葛仕立て

옥돔 순무국

재료(4인분)

옥돔(160g) 1/2마리, 경수채 30g, 표고버섯 4개, 순무 400g, 노란 유자 1/6개

- **스이지** 吸地 다시 600cc, 소금 약간, 연간장 5cc, 청주 15cc, 물에 푼 칡전분 약간
- **스이지핫포** 吸地八方 다시 200cc, 소금 약간, 연간장 약간

만드는 법

1 옥돔은 3장뜨기한다. 중앙의 굵은 가시를 뽑은 후 소금을 뿌려 15분간 둔다.

2 손질한 옥돔의 껍질 부분에 촘촘하게 칼집을 넣은 후 5cm 길이로 썬다.

3 옥돔을 꼬치에 꽂은 후 굽는다.

4 경수채는 데친 후 찬물에 식히고 5cm 길이로 썬다.

5 표고버섯은 표면에 잔칼집을 넣은 후 데친다.

6 **4, 5**를 스이지핫포에 담가 맛이 배도록 한다.

7 순무는 껍질을 두껍게 벗긴 후 강판에 간다. 간 순무를 김발 위에 놓고 손으로 눌러 물기를 뺀다.

8 냄비에 다시를 끓인 후 연간장, 소금으로 간한다. 청주를 넣고 한 번 더 끓여 스이지를 만든다. **3**을 넣고 물에 푼 칡전분을 넣은 후 **7**의 간 순무를 섞는다.

9 그릇에 **8**의 옥돔을 담고 경수채와 표고버섯으로 장식한다.

10 **9**에 소나무 잎 모양으로 자른 유자 껍질로 장식하고 **8**의 스이지를 붓는다.

 Cooking tip

- **우스쿠즈지타테(薄葛仕立て)** : 조리한 국물에 물에 푼 칡전분를 넣는 것으로 '요시노지타테(吉野仕立て)'라고도 부른다. 칡전분을 넣고 한 번 더 끓여주면 칡전분의 잡냄새를 없앨 수 있고, 국 요리에 넣으면 국물이 걸쭉해지고 잘 식지 않으며 부드러운 맛이 난다.

丸吸

자라 맑은국

자라 1마리, 떡 2개, 대파 1대, 생강 20g

- **자라다시** 물 1200cc, 청주 600cc, 다시마 5g
- **스이지** 吸地 자라다시 800cc, 청주 30cc, 소금 약간, 연간장 5cc

만드는 법

1 자라를 손질한다.

2 80℃ 정도의 뜨거운 물에 손질한 자라를 넣고 얇은 막을 제거한다.

3 냄비에 분량의 물, 청주, 다시마, **2**를 넣고 끓여 자라다시를 만든다.

4 끓으면 거품을 제거한 후 불을 줄여 20~30분간 더 끓인다.

5 자라살은 건져내고 육수는 천에 거른다.

6 냄비에 **5**의 자라다시를 넣어 끓인 후 연간장, 소금으로 간한다. 청주를 넣고 한 번 더 끓여 스이지를 만든다.

7 떡과 대파는 구운 후 한입 크기로 썬다. 생강은 강판에 곱게 간다.

8 그릇에 자라살과 떡, 대파를 넣고 뜨거운 스이지를 붓는다. 마지막에 생강즙을 뿌린다.

若布と豆腐の味噌汁

미역 두부 된장국

(4인분)

미역 600cc, 두부 1/3모, 유부 1장, 대파 1대

* **스이지** 吸地 멸치다시 800cc, 보리된장 50g
* **한와리지루** 半割汁 스이지 200cc, 다시 200cc

만드는 법

1 미역은 물에 충분히 불린 후 2cm 길이로 썬다.

2 두부는 1×1cm 크기로 썬다.

3 유부는 잘게 썬다.

4 대파는 얇게 썬다.

5 멸치다시에 보리된장을 풀어 스이지를 만든다.

6 냄비에 분량의 스이지, 다시를 넣어 한와리지루를 만든다. **2**의 두부를 넣고 끓인 후 두부는 건진다.

7 그릇에 두부와 미역, 대파를 담고 **5**를 붓는다. 마지막에 유부를 넣는다.

Cooking tip

* **한와리지루(半割汁)** : 된장국과 다시를 동량으로 섞어 만들어 된장국보다는 연한 편이다. 맛이 잘 스며들지 않는 재료는 한와리지루에 넣고 끓이고 색이 변하기 쉬운 재료는 식힌 한와리지루에 넣어 맛이 배도록 한다.

造り

—

회

회(츠쿠리 : 造り)는 여타의 조리법을 사용하지 않고 칼 기술만으로 재료 본연의 맛과 신선함을 살린 조리법이다.
재료에 따라 다양한 써는 방법을 통해 독특한 식감과 맛을 낼 수 있다. 좋은 재료의 선택, 뛰어난 칼 기술, 신선함을 유지하기 위한 빠른 조리가 중요하다.

1) 회(造り)의 종류

(1) 써는 방법에 따른 분류

① 히라즈쿠리(平造り) : 칼을 세워 생선살의 오른쪽부터 썬다. 살이 연한 생선에 많이 사용한다.

② 소기즈쿠리(そぎ造り) : 칼을 비스듬히 눕혀 생선살의 섬유결을 따라 왼쪽부터 5mm 두께로 회를 뜬다.

③ 우스즈쿠리(薄造り) : 요리사의 칼 다루는 솜씨를 확인할 수 있는 방법이다. 소기즈쿠리와 동일한 방법으로 칼을 눕혀 생선살의 왼쪽부터 아주 얇게 회를 뜬다.

④ 호소즈쿠리(細造り) : 보리멸, 오징어와 같이 살이 얇은 생선을 썰 때 사용하는 방법이다. 호소즈쿠리보다 더 가늘게 자르는 것을 이토즈쿠리(糸造り)라고 한다.

⑤ 기리카케즈쿠리(切りかけ造り) : 지방이 많거나 껍질이 두꺼운 생선을 써는 방법이다. 히라즈쿠리와 같은 방법으로 자르되 껍질에 1~2회 칼집을 넣어준다.

⑥ 가쿠즈쿠리(角造り) : 살이 연한 생선을 써는 방법이다. 히라즈쿠리와 동일한 방법으로 자르되 1~1.5cm 크기의 주사위 모양으로 썬다.

(2) 방법에 따른 분류

① 아라이(洗い) : 비린내가 나고 지방이 많은 생선에 적합하다. 소기즈쿠리로 자
른 생선살을 찬물에 담가 살의 조직을 더 단단하게 해 식감을 좋게 하는 방
법이다.

② 유아라이(湯洗い) 또는 유비키(湯引き) : 아라이(洗い)와 같은 방법이지만 유
아라이는 손을 담글 수 있을 정도의 따뜻한 물에 생선살을 씻은 후 냉수에 식
히는 방법이다. 비린내가 강한 민물고기 손질에 많이 사용한다.

③ 가와시모즈쿠리(皮霜造り), 야키시모즈쿠리(焼霜造り) : 껍질이 예쁜 생선을 손질
할 때 사용하는 방법이다. 생선 껍질은 질겨서 생으로 먹지 못하므로 껍질 쪽에 뜨
거운 물을 붓거나 껍질을 직화로 구운 후 냉수에 담가 식히는 방법이다.

2) 껍질 벗기는 법

① 소토비키(外引き) : 칼날이 바깥쪽을 향하도록 해 껍질과 살 사이에 넣은 후
칼을 위아래로 움직이며 껍질을 벗기는 방법이다. 껍질이 질기거나 살이 단단
한 생선의 껍질을 벗길 때 사용한다.

② 우치비키(内引き) : 소토비키(外引き)와 반대로 칼날을 안쪽으로 향하게 한 후
껍질과 살 사이에 칼날을 넣어 가볍게 살을 눌러가면서 오른쪽에서 왼쪽으로
껍질을 벗긴다. 살이 부드러운 생선의 껍질을 벗길 때 사용하는 방법이다.

3) 아시라이 (あしらい)

아시라이는 주재료의 맛을 돋워주거나, 향이나 색감을 살리기 위해 사용하는 식재
료를 말하며, 생선회에 곁들여 내는 아시라이의 종류로는 겐(けん), 츠마(つま), 가
라미(辛み, 〈야쿠미(薬味)〉)의 3가지가 있다. 아시라이에 사용되는 식물의 맛이나 향
으로 생선의 비린내를 없애주고, 생선회의 맛을 한층 더 살려준다.

① 겐(けん) : 돌려깎기(かつらむき : 가츠라무키)를 한 후 섬유결에 따라 자른 것을
다테켄(縦けん), 섬유결의 반대로 자른 것을 요코켄(横けん)이라 한다.
- 겐에 사용되는 재료 : 무, 당근, 오이

② 츠마(つま) : 츠마는 장식용(飾りつま : 가자리츠마)과 생선회 밑에 까는 용(敷
   つま : 시키츠마)이 있다. 요리(より)는 장식용 츠마의 일종이다.
   - 요리에 사용되는 재료 : 당근, 오이, 우엉, 단호박
   - 장식용 츠마에 사용되는 재료 : 차조기잎, 차조기꽃, 꽃오이, 방풍잎, 식용 국
     화, 목이버섯, 담수산 김
③ 야쿠미(藥味) : 와사비나 생강, 간 무 등 맵거나 향이 강한 것을 곁들여 생선회
   의 맛을 살리고 식욕을 돋운다.
   - 야쿠미에 사용되는 재료 : 와사비, 생강, 아카오로시, 차조기싹(적·녹), 여뀌
     잎, 파

4) 츠케조유(つけ醬油)

회에 곁들이는 간장이다. 간장 그대로를 먹기에는 맛이 너무 진하므로 다양한 부재
료를 섞은 간장을 이용한다. 그 종류로는 가다랑어포의 풍미를 살린 도사조유 (土
佐醬油), 다시나 알코올 날린 청주를 섞은 와리조유(割り醬油), 매실 과육을 섞은
바이니쿠조유(梅肉醬油), 깨페이스트를 섞은 고마조유(胡麻醬油) 등이 있다. 간
장 외에도 감귤류의 산미를 살린 폰즈(ポン酢)도 많이 사용한다.

① 도사조유(土佐醬油) : 진간장에 청주를 첨가하여 가다랑어포의 풍미를 살린
   간장이다.
② 바이니쿠조유(梅肉醬油) : 도사조유를 베이스로 고운 체에 내린 매실을 첨가
   한 간장이다. 갯장어 회에 잘 어울린다.
③ 고마조유(胡麻醬油) : 도사조유를 베이스로 깨페이스트를 첨가한 간장이다. 고
   등어, 오징어 회에 잘 어울린다.
④ 가라시스미소(辛子酢味噌) : 겨자와 식초된장을 섞은 것으로 민물고기와 잘
   어울린다.
⑤ 폰즈(ポン酢) : 감귤류(주로 영귤을 사용함)의 즙에 간장, 청주, 다시마, 가다
   랑어포를 첨가해 일주일간 숙성시킨 것이다. 복어나 도미, 광어 등 흰살 생선
   에 잘 어울린다.

鰤の平造りと鯛、車海老の湯霜造り

방어 히라즈쿠리와
　　　도미, 새우 유시모즈쿠리

재료(4인분)

방어살 120g, 도사조유 약간, 도미살 120g, 와사비 약간, 보리새우 4마리, 차조기잎 4장, 무 약간, 당근 약간, 오이 약간
- **도사조유** 진간장 250cc, 다마리간장 100cc, 청주 350cc, 미림 30cc, 가다랑어포 10g

만드는 법

- **방어**

1   방어는 3장뜨기를 한다.

2   포 뜬 방어살은 가운데 굵은 가시를 기준으로 양쪽 살을 잘라낸 후, 껍질을 벗긴다.

3   도마 앞쪽 3cm 위치에 손질한 **2**의 방어살을 올린다. 방어살은 껍질 쪽이 위를 향하도록 하고, 높이
　 가 낮은 쪽을 몸 쪽으로 향하게 둔다.

4   왼손은 방어살을 가볍게 누르고 오른손은 칼을 잡고 세운 상태로 방어살 위에 올린다. 이때, 칼날
　 을 왼쪽으로 살짝 기울인다.

5   칼날 전체를 사용해 한 번에 당겨 자른다.

6   잘라낸 살은 칼날에서 떼지 말고 그 상태 그대로 오른쪽으로 밀어낸 다음 칼날을 오른쪽으로 눕혀
　 살을 칼날에서 떼어낸다.

7   **4~6**의 과정을 반복해 방어회를 뜬다.

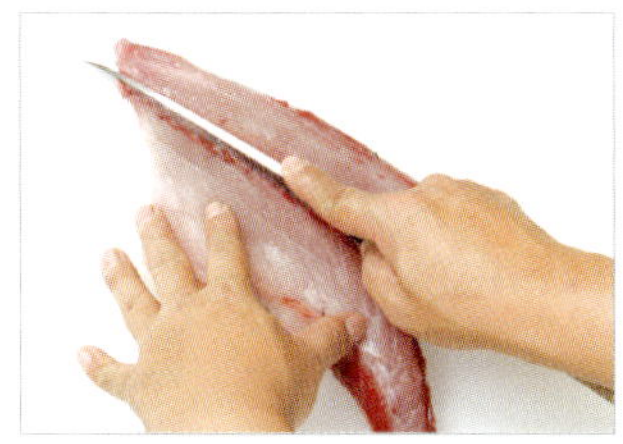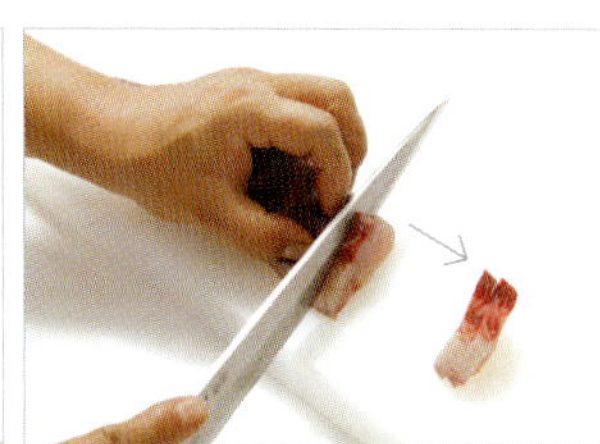

- 도미

1   도미 역시 방어와 같은 방법으로 손질한다. 단, 도미의 껍질은 그대로 둔다.

2   손질한 1의 도미살은 껍질 쪽이 위를 향하도록 넓은 팬에 놓고, 그 위에 적셔서 꼭 짠 면 보자기를 덮는다.

3   80℃의 뜨거운 물을 국자를 사용해 도미 껍질 위에 끼얹는다.

4   면 보자기를 덮은 그대로 바로 얼음물에 담가 식힌 후 물기를 제거한다.

5   도미 껍질 쪽에 길이로 길게 칼집을 두 개 넣는다.

6   방어와 같은 방법으로 도미회를 뜬다.

Cooking tip

- 유시모, 가와시모(湯霜, 皮霜) : 도미 공정 중 1~4의 과정을 말한다. 손질한 생선의 껍질에 뜨거운 물을 부어 껍질까지 먹을 수 있게 처리하는 조리법이다.

- 새우

1   보리새우는 머리를 등 쪽으로 꺾어 제거한다. 이때, 머리와 함께 내장도 제거한다.

2   끓는 물에 1의 보리새우를 넣고 5초 정도 익힌 후 바로 얼음물에 담가 식힌다.

3   껍질을 벗기고, 살은 반으로 자른다.

 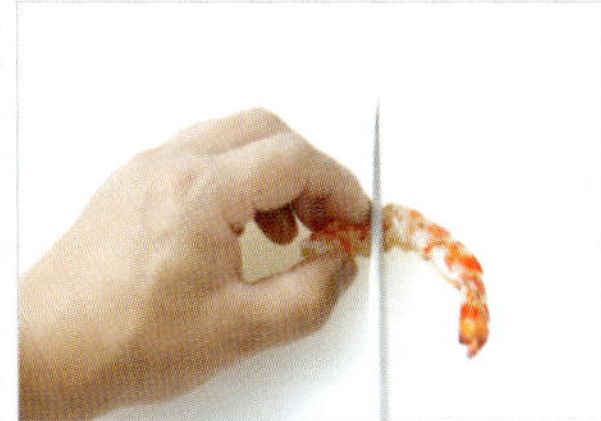

• 도사조유

1 가다랑어포를 제외한 모든 재료를 냄비에 넣고 끓인다.

2 끓어오르면 가다랑어포를 넣고 불에서 내린 후 식힌다.

3 면 보자기에 거른다.

• 요리 (よリ)

1 당근, 무, 오이는 조금 두껍게 돌려깎기한다.

2 10cm 정도 돌려깎기한 다음 사선으로 자른다.

3 **2**를 젓가락으로 말아 모양을 잡아준 다음 물에 담근다.

  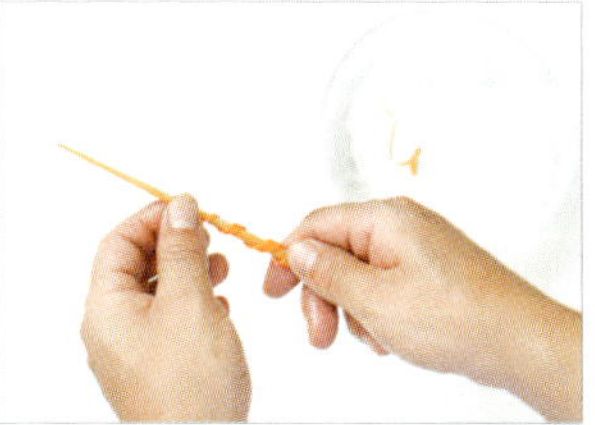

• 마무리

1 무를 얇게 돌려깎기한 후, 가늘게 채 썰어 찬물에 담근다.

2 **1**의 물기를 제거하고 그릇에 담아 차조기잎을 올린다. 방어살, 도미살, 새우, 와사비를 담는다.
   손질한 당근, 무, 오이로 장식하고 도사조유를 곁들인다.

鮃のそぎ造りと鮪の角造り

광어 소기즈쿠리와 참치 가쿠즈쿠리

재료(4인분)
광어살 240g, 도사조유 약간, 참치살 160g, 와사비 약간, 무 약간, 차조기잎 4장, 차조기꽃 4줄기

만드는 법

• 광어

1 광어는 비늘, 아가미, 내장을 제거한 후 3장뜨기한다. 가운데 굵은 가시를 잘라낸다.

2 껍질은 벗긴 후 끓는 물에 3초간 데친 다음 얼음물에 담가 식힌다.

3 도마 앞쪽 3cm 위치에 광어살을 올린다. 이때, 껍질이 위를 향하도록 하고 살의 낮은 쪽이 몸 쪽을 향하도록 한다.

4 왼손은 광어살을 가볍게 누르고 오른손은 칼을 잡고 칼날을 기울인 상태로 광어살 위에 올린다.

5 칼의 전체를 사용해 5mm 두께로 회를 뜬다.

6 자른 광어살은 왼손으로 잡아 반으로 접는다.

7 광어의 지느러미살은 2cm 폭으로 자른다.

• 참치

1 참치살은 1.5×2cm 크기의 사각형으로 썬다.

• 마무리

1 무를 얇게 돌려깎기한 후 섬유결의 반대 방향으로 가늘게 채 썰어 물에 담근다.

2 1의 물기를 제거하고 그릇에 담아 차조기잎을 올린다. 그 앞에 광어살과 참치살을 놓는다.

3 앞쪽에 차조기꽃과 와사비, 광어 껍질을 곁들인다.

鯛の薄造り

도미 우스즈쿠리

재료(4인분)

도미(800g) 1마리, 차조기잎 4장, 산파 1/4묶음, 무 200g, 말린 홍고추 2개, 폰즈 약간

- **폰즈** ポン酢 감귤류즙 200cc, 식초 150cc, 진간장 200cc, 다마리간장 30cc, 알코올 날린 미림 50cc, 다시마 10g, 가다랑어포 10g

만드는 법

1 도미는 비늘, 아가미, 내장을 제거한 후 3장뜨기한다.

2 포 뜬 도미살은 가운데 굵은 가시를 잘라낸 후 껍질을 벗긴다.

3 껍질은 뜨거운 물에서 3초간 데친 후 바로 얼음물에 담근다.

4 도마 앞쪽 3cm 위치에 도미살을 올린다. 이때, 껍질 쪽이 위를 향하도록 하고 살의 낮은 쪽이 몸 쪽을 향하도록 한다.

5 왼손은 도미살을 가볍게 누르고 오른손은 칼을 뉘인 상태로 도미살 위에 올린다.

6 칼날 전체를 사용해 얇게 썬다.

7 자른 도미살을 왼손으로 잡고 바로 그릇에 담는다.

8 **5~7**의 과정을 반복한다. 이때, 자른 도미살은 시계 반대 방향으로 원을 그리며 그릇에 돌려가며 담는다.

9 산파는 3cm 길이로 가지런히 썬다.

10 모미지오로시를 만든다. 말린 홍고추를 부드럽게 삶아, 무에 끼워넣어 강판에 곱게 간다.

11 **10**을 김발에 얹고 물기를 제거한다.

12 분량의 폰즈 재료를 모두 섞어 실온에서 5~6시간 숙성시킨 후 면 보자기에 거른다.

13 앞쪽에 차조기잎을 깔고, 산파와 **11**의 간 무, 도미 껍질을 곁들인다. 폰즈를 함께 낸다.

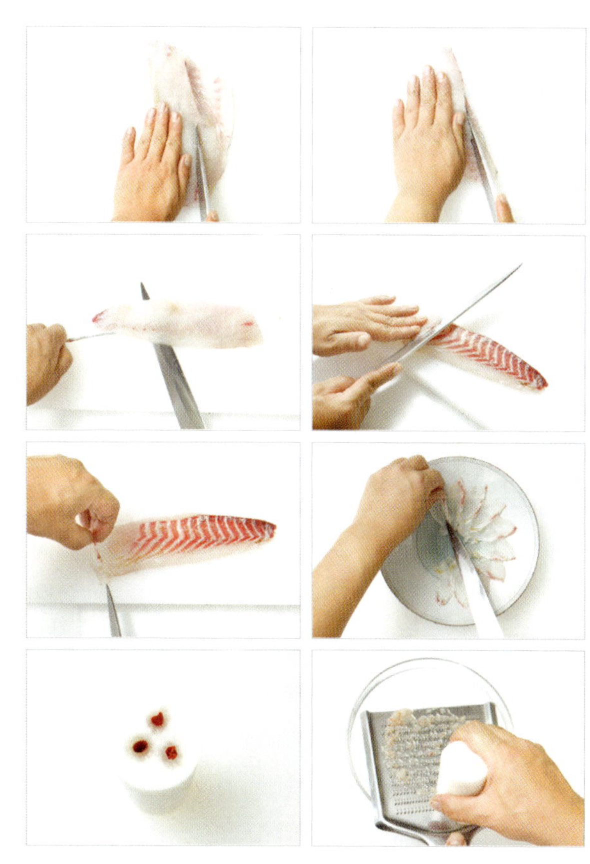

Cooking tip

- **모미지오로시(もみじおろし)** : 말린 홍고추를 부드럽게 삶아 무에 젓가락으로 구멍을 뚫은 후 그 속에 넣어 강판에 곱게 간 것이다.

烏賊の細造り

오징어 호소즈쿠리

재료(4인분)

오징어(500g) 1마리, 차조기꽃 8줄기, 와사비 약간, 당근 약간,
방풍잎 4줄기, 깨간장 약간

- **깨간장** 볶음깨(간 것) 30cc, 도사조유 120cc

만드는 법

1 오징어는 몸통 중앙에 칼집을 깊게 넣은 후 가운데의 연
   골을 제거한다.

2 먹물주머니가 터지지 않도록 주의하며 몸통과 다리를 분
   리한다.

3 몸통의 껍질을 깨끗이 제거한다.

4 손질한 오징어 몸통은 4cm 폭의 길이로 썬다.

5 썬 방향 그대로 오징어 몸통에 촘촘하게 칼집을 넣는다.

6 도마에 **5**의 오징어를 가로로 올린 후 칼 앞날만 도마에
   붙인다.

7 칼 앞날만 도마에 붙인 채 몸 쪽으로 당기며 오징어살을
   5mm 폭으로 썬다.

8 방풍잎은 줄기 아래를 바늘로 찔러 열십자(十) 모양으로
   뜬 후 물에 담근다.

9 차조기꽃은 꽃잎만 떼어낸다.

10 **7**의 오징어와 **9**의 차조기꽃을 살살 버무린다.

11 분량의 깨간장 재료를 섞어 깨간장을 만든다.

12 그릇에 **10**을 담고 와사비를 곁들인다. 당근, 방풍잎으로
   장식한다.

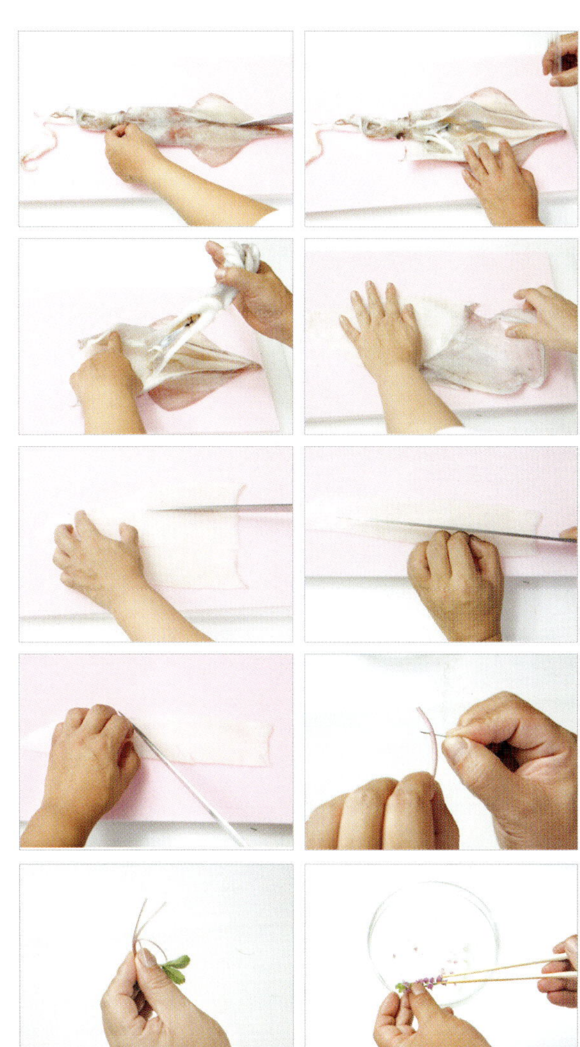

鯖の切りかけ造り

고등어 기리카케즈쿠리

재료(4인분)

고등어(500g) 1마리, 식용 국화꽃(적·황) 2개, 차조기잎 4장,
생강 20g, 식초 약간

● **깨간장** 볶음깨(간 것) 30cc, 도사조유 120cc

만드는 법

1 고등어는 비늘, 아가미, 내장을 제거한 후 3장뜨기한다.

2 고등어살의 가운데 굵은 가시를 조리용 핀셋으로 제거한다. 이 때, 핀셋을 물에 씻어가며 사용하는 것이 좋다.

3 고등어의 껍질 쪽이 위를 향하도록 도마에 얹고 손으로 껍질을 벗긴다.

4 마찬가지로 고등어의 껍질 쪽이 위를 향하도록 도마에 얹는다.

5 왼손은 고등어살을 가볍게 누르고 오른손은 칼을 세운 상태로 고등어살 위에 올린다.

6 3mm 폭으로 칼집을 한 번 넣은 후 썬다.

7 국화꽃은 꽃잎을 뜯어 끓는 물에 식초 몇 방울을 넣고 데친다.

8 데친 국화꽃잎을 흐르는 물에서 식힌 후 물기를 제거한다.

9 생강은 곱게 간다.

10 그릇에 차조기잎과 고등어회, 물기를 제거한 국화꽃(적·황)과 간 생강을 담는다.

鱸の洗い

농어 아라이

재료(4인분)

농어살 240g, 오이 1개, 차조기잎 4장, 석이버섯 5g, 와사비 약간, 도사조유 약간

- **조림국물** 다시 200cc, 소금 약간, 연간장 5cc

만드는 법

1 농어는 비늘, 아가미, 내장을 제거한 후 3장뜨기한다.

2 농어살은 가운데 굵은 가시를 잘라낸 후 껍질을 벗긴다.

3 도마 앞쪽 3cm 위치에 농어살을 올린다. 이때, 껍질 쪽이 위를 향하도록 하고 높이가 낮은 쪽을 몸 쪽으로 향하게 둔다.

4 왼손은 농어살을 가볍게 누르고 오른손은 칼을 잡고 칼날을 기울인 상태로 농어살 위에 올린다.

5 칼의 전체를 사용해 5mm 두께로 회를 뜬다.

6 회 뜬 농어살은 비린내를 없애기 위해 얼음물에 담가 씻는다.

7 얼음물에서 꺼낸 후 바로 물기를 제거한다.

8 오이를 얇게 돌려깎기한 후 섬유결의 반대 방향으로 가늘게 채 썰어 물에 담근다.

9 석이버섯은 물에 불린 후 분량의 조림국물에 넣어 조린다.

10 그릇에 차조기잎을 깔고, 썬 오이를 놓는다. 앞쪽에 농어살을 담고 석이버섯과 와사비를 곁들인다.

蛸の湯洗い

문어 유아라이

재료(4인분)

문어(1.5kg) 다리 2개, 양하 2개, 차조기싹(적·녹) 약간, 와사비 약간,
매실간장 약간
- **매실간장** 매실 4개, 진간장 15cc, 청주 30cc, 미림 30cc

만드는 법

1 문어는 깨끗하게 손질한 후 다리를 한 쪽씩 자른다.

2 문어다리에 칼집을 넣어 껍질과 살을 분리한다.

3 문어껍질은 흡반 2~3개씩을 기준으로 썬다.

4 문어살은 2mm 폭으로 촘촘히 칼집을 넣은 후 2cm 길이로
썬다.

5 손질한 문어는 80℃의 뜨거운 물에 살짝 데친다.

6 데친 문어를 얼음물에 담가 완전히 식힌 후 물기를 제거한다.

7 양하는 1장씩 떼어낸 후 길고 얇게 채 썰어 물에 가볍게 씻
는다.

8 매실간장을 만든다. 진간장, 청주, 미림을 끓여 식힌다. 체에
걸러 과육만 남은 매실을 조금씩 넣으며 섞는다.

9 그릇에 채 썬 양하를 올리고 문어를 담는다. 차조기싹과 와
사비를 곁들인다. 매실간장을 함께 낸다.

鰹のたたき

가다랑어 다타키

재료(4인분)

가다랑어(1kg) 1/2마리, 무 약간, 말린 홍고추 약간, 양하 1개, 차조기잎 1장, 생강 20g,
실파 4대, 폰즈 약간, 마늘 1쪽

만드는 법

1 가다랑어는 손질하여 3장뜨기한다.

2 포 뜬 가다랑어살은 가운데 굵은 가시를 잘라낸다.

3 **2**를 쇠꼬챙이에 끼운 후 소금을 뿌린다.

4 껍질 쪽부터 완전히 익힌다. 뒤집어 살 쪽도 익힌 후 바로 얼음물에 담
  근다.

5 구운 가다랑어가 완전히 식으면 물기를 제거한다.

6 껍질 쪽에 폰즈를 끼얹은 후 두드려 맛이 잘 배게 한다.

7 양하, 차조기잎, 생강은 곱게 다지고, 실파는 잘게 썬다.

8 물에 **7**을 넣고 살짝 헹군 뒤 물기를 제거한다.

9 마늘은 얇게 슬라이스한 후 140~150℃ 기름에서 바삭하게 튀긴다.

10 말린 홍고추를 부드럽게 삶아, 무에 끼워넣어 강판에 곱게 간다.

11 **10**을 김발에 얹고 물기를 짠다.

12 도마에 **6**의 가다랑어를 올린 후 왼손은 가다랑어살을 가볍게 누르고
   오른손은 칼을 잡고 세운 상태로 가다랑어살 위에 올린다. 이때, 칼은
   왼쪽으로 살짝 기울게 잡아야 한다.

13 칼날 전체를 사용해 한 번에 당겨 자른다.

14 잘라낸 살은 칼날에서 떼지 말고 그 상태 그대로 오른쪽으로 밀어낸 다
   음 칼날을 오른쪽으로 눕혀 살을 칼날에서 떼어낸다.

15 그릇에 썬 가다랑어살을 담고, 그 위에 **8**을 듬뿍 올린다. 튀긴 마늘과
   11을 곁들인다.

焼き物
구이

구이는 가열하여 익히는 방법 중 가장 오래된 조리법으로 직화구이와 간접구이로 나눌 수 있다. 직화구이는 꼬치나 망을 사용해 재료를 직접 불에 굽는 방법이고, 간접구이는 재료가 불에 직접 닿지 않도록 돌이나 나무, 쿠킹포일, 종이 등으로 싸서 열을 간접적으로 전달해 굽는 방법이다. 두 가지 방법 모두 고온에서 재료를 굽기 때문에 표면이 굳어 재료 본연의 감칠맛이 빠져나가지 않는다. 또한 표면에 적당히 구운 색을 내어줌으로써 보는 맛도 더해준다. 구이는 쇠꼬챙이에 재료를 끼워서 굽는 경우가 많은데 쇠꼬챙이를 꽂는 방법에 따라 완성 요리의 모양이 달라지기 때문에 고도의 기술이 필요하다.

1) 조리의 포인트
① 숯, 가스, 전기 등의 열원에서 조금 떨어져서 굽는 것이 좋다. 골고루 열이 닿게 하고 일부만 타는 일이 없도록 한다.
② 그릇에 담을 때 겉으로 보이는 면부터 굽는다. 일반적으로 윗면을 60% 익힌 다음 뒷면을 40% 익히는 것이 가장 이상적이다.

2) 아시라이 (あしらい)
아시라이는 주재료의 맛을 돋워주거나 향이나 식감을 살리기 위해 사용하는 식재료를 말하며, 입안을 개운하게 하는 역할을 한다. 구이에 곁들여내는 아시라이는 계절감을 살릴 수 있는 재료를 선택하며, 주로 신맛이나 단맛이 나는 재료가 좋다.

鮎の塩焼き

은어 소금구이

재료(4인분)

은어 4마리, 연근 40g

- **다데즈 たで酢** 여뀌잎 40g, 식초 60cc, 알코올 날린 청주 20cc, 소금 약간, 쌀죽 20g
- **연근 단촛물** 식초 50cc, 물 25cc, 설탕 30g, 말린 홍고추 1/2개

만드는 법

1 은어는 깨끗이 씻은 후 머리가 오른쪽으로 향하도록 잡는다.

2 은어의 입에 쇠꼬챙이를 끼워 안으로 넣는다. 이때, 쇠꼬챙이가 은어의 표면 (그릇에 담았을 때 보이는 면)으로 나오지 않도록 주의한다.

3 은어의 가슴지느러미 부분에서 쇠꼬챙이를 밖으로 빼내어 2cm 꺼낸 후 다시 안으로 꽂는다.

4 은어를 S모양으로 만들어 쇠꼬챙이를 한 번 더 통과시킨다. 이때, 은어의 꼬리지느러미 위로 꼬챙이 끝이 나오게 한다.

5 연근은 껍질을 벗긴 후 통째로 꽃 모양을 만든다.

6 **5**의 연근을 3mm 두께로 썬 후 끓는 물에 데쳐 식힌다.

7 냄비에 분량의 연근 단촛물 재료를 모두 넣고 설탕이 녹으면 불에서 내린 후 식힌다.

8 **6**의 연근을 **7**의 냄비에 담가둔다.

9 여뀌잎은 잎 부분만 남도록 손질한 후 곱게 다진다.

10 냄비에 밥과 3배 분량의 물을 넣고 끓인다. 밥알이 수분을 흡수하면 불을 끄고 식혀 쌀죽을 만든다.

11 **10**을 절구에 넣고 곱게 간다. 이때, **9**를 조금씩 넣으며 한 번 더 갈아준다.

12 **11**을 체에 거른 후 식초, 알코올 날린 청주, 소금을 넣어 다데즈를 만든다.

13 손질한 **4**의 은어 꼬리와 지느러미에 소금을 묻힌다. 살에도 소금을 뿌린다.

14 그릇에 담았을 때 보이는 면부터 굽는다.

15 그릇에 구운 은어를 담고 연근을 곁들인다. 다데즈도 함께 제공한다.

Cooking tip

- 은어의 꼬리와 지느러미에 소금을 묻히는 이유는 굽는 과정에서 타는 것을 방지하기 위함이다. 소금은 반드시 굽기 직전에 묻힌다.
- **노보리구시(登り串)** : 생선 모양 그대로 통으로 구울 때 쇠꼬챙이를 꽂는 방법이다(과정 1~4).
- **다데즈(たで酢)** : 은어 소금구이와 함께 곁들이는 소스이다. 여뀌잎을 곱게 다진 후 침전을 막기 위해 쌀죽을 첨가하고 거른 후 조미료로 간을 한다.

鯛の塩焼き

도미 소금구이

재료(4인분)

도미 300g, 대합 4개, 생강순 4줄

• **단촛물** 설탕 20g, 식초 50cc, 물 50cc, 말린 홍고추 1/2개

만드는 법

1 도미는 3장뜨기한 후 가운데 굵은 가시를 제거한다.

2 **1**의 도미살에 소금을 뿌려 15분간 둔 후 적당한 크기로 썬다.

3 대합은 껍데기와 살을 분리한 후 살의 질긴 부분에 칼집을 넣는다.

4 칼집을 넣은 살을 다시 중합 껍데기에 올린다. 대합의 위쪽 껍데기에는
   달걀흰자를 바른 후 소금을 듬뿍 묻힌다.

5 생강순은 흰 부분을 젖은 행주로 깨끗하게 닦는다.

6 끓는 물에 **5**를 넣고 살짝 데친 후 소금을 뿌려 식힌다.

7 분량의 단촛물을 모두 섞은 후 **6**을 담가 2시간 둔다.

8 **2**의 도미살은 청주(분량 외)를 뿌려 가볍게 씻은 후 오우기구시 방법으
   로 꼬챙이를 꽂는다.

9 **8**을 그릇에 담았을 때 보이는 면부터 굽는다.

10 대합 역시 껍데기의 소금이 완전히 마를 때까지 굽는다.

11 그릇에 솔잎을 깔고 도미와 대합을 담은 후 생강순을 곁들인다.

 Cooking tip

• **오우기구시(扇串)** : 자른 생선살의 배에서 등 쪽으로 혹은 등에서 배 쪽으로 쇠
  꼬챙이를 꽂는 방법이다. 쇠꼬챙이를 꽂았을 때 앞쪽의 폭은 좁게 하고 끝으로
  갈수록 넓어지는 형태(부채꼴 모양)로 꽂아준다.

鰆の木の芽焼き

삼치 산초잎구이

재료(4인분)

삼치 300g, 잠두콩 8알, 산초잎 12장

- **삼치 절임지** 미림 50cc, 청주 50cc, 진간장 50cc
- **시럽** 설탕 50g, 물 100cc

만드는 법

1 삼치는 3장뜨기한 후 가운데 가시를 제거한다.

2 껍질 쪽에 칼집을 넣은 후 적당한 크기로 자른다.

3 잠두콩은 껍질을 벗긴 후 속의 얇은 막도 벗긴다.

4 냄비에 분량의 시럽 재료를 모두 넣고 끓인다. 끓으면 손질한 잠두콩을 넣고 짧은 시간에 익힌 후 냄비에 담긴 그대로 식힌다.

5 분량의 삼치 절임지 재료를 모두 섞은 후 **2**의 삼치를 담가 15분간 둔다.

6 **5**의 삼치는 수분을 제거한 후, 자른 생선살의 배에서 등, 혹은 등에서 배 쪽으로 쇠꼬챙이를 꽂는다. 그릇에 담았을 때 보이는 면부터 굽는다.

7 삼치가 80% 정도 익으면 **5**의 절임지를 여러 번 끼얹어가며 굽는다.

8 거의 다 익으면 다진 산초잎을 듬뿍 뿌린 후 한 번 더 겉을 익힌다.

9 그릇에 삼치와 잠두콩을 담는다.

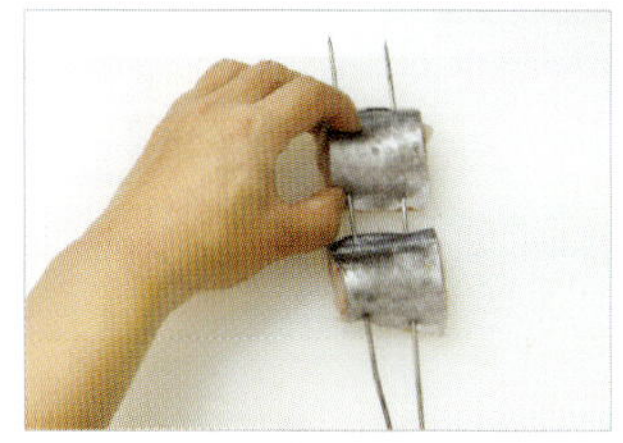

丸茄子の田楽

둥근가지 된장구이

재료(4인분)

둥근가지 2개, 꽈리고추 8개, 소금 약간

● **덴가쿠미소** 田楽味噌 적된장 80g, 달걀노른자 1개 분량, 설탕 70g, 미림 20cc,
　　　　　　　　　청주 20cc, 깨페이스트 5cc

만드는 법

1　둥근가지는 꼭지와 끝 부분을 제거한 후 가로로 2등분한다.

2　손질한 **1**의 가지를 170℃ 기름에 튀긴다.

3　꽈리고추는 150℃ 기름에 튀긴 후 소금을 뿌린다.

4　냄비에 깨페이스트를 제외한 분량의 덴가쿠미소 재료를 모두 넣고 덩
　어리지지 않도록 잘 섞으며 끓인다.

5　**4**가 끓기 시작하면 약불로 줄인 후 타지 않도록 계속 저어가며 걸쭉한
　상태로 만든다.

6　마지막으로 깨페이스트를 넣고 잘 섞는다.

7　튀긴 가지 윗면에 **6**의 덴가쿠 미소를 바른 후 구이기에 넣고 노릇하게
　굽는다.

8　그릇에 가지를 담고 꽈리고추를 곁들인다.

 Cooking tip

● 덴가쿠미소(田楽味噌) : 백미소 혹은 적미소를 미림, 술, 설탕 등과 함께 끓여서
　만든 것으로 되직한 농도가 될 때까지 불 위에서 갠 다음 식히면 완성된다.

烏賊の黄身焼き

갑오징어 키미구이

재료(4인분)

갑오징어 200g, 양하 2개, 소금 약간

- **기미타레 黃身たれ** 달걀노른자 3개 분량, 미림 5cc, 소금 1g
- **단촛물** 설탕 20g, 식초 50cc, 물 50cc

만드는 법

1 갑오징어는 몸통 부분을 깨끗이 손질한다. 얇은 막까지 모두 벗긴 후 소금을 살짝 뿌린다.

2 양하는 길이로 길게 2등분한 후 끓는 물에 데친다. 소금을 뿌려 식힌다.

3 분량의 단촛물 재료를 모두 섞은 후 **2**의 양하를 담가 맛이 배도록 한다.

4 분량의 기미타레 재료를 섞는다.

5 **1**의 갑오징어를 누이구시 방법으로 쇠꼬챙이에 끼운 후 색이 나지 않게 굽는다. 이때, 쇠꼬챙이를 돌려가며 구워야 다 구운 후 쇠꼬챙이를 빼기가 쉽다.

6 갑오징어가 다 익었으면 **4**의 기미타레를 3~4회에 나눠 발라가며 타지 않게 더 굽는다.

7 갑오징어를 한입 크기로 썬 후 그릇에 담고 양하를 곁들인다.

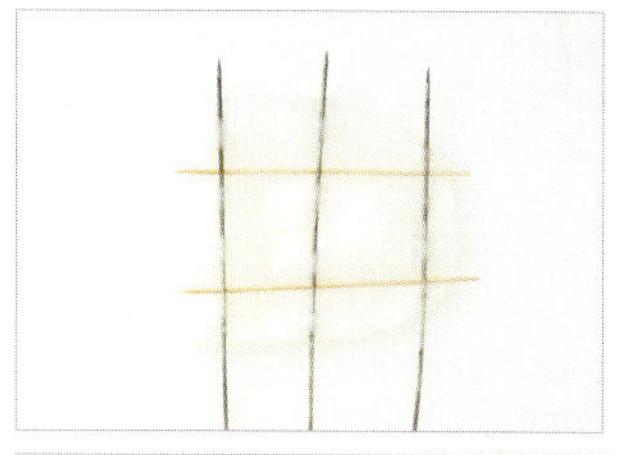

 Cooking tip

- **누이구시(縫い串)** : 생선에 쇠꼬챙이를 꽂는 방법의 하나로 살 사이를 마치 바느질하듯 쇠꼬챙이를 끼우는 것이다. 누이구시 방법으로 꼬치를 굽게 되면 앞면은 구멍이 뚫리지 않아 요리를 깔끔하게 만들 수 있다. 열을 가하면 살이 휘어지는 오징어에 적합하다.

秋刀魚のわた焼き

꽁치 내장구이

재료(4인분)

꽁치 2마리, 고구마 60g, 꽁치 내장 2마리 분량, 달걀노른자 1개 분량, 레몬 20g, 치자 1개
- **유안지** 幽庵地 청주 50cc, 미림 50cc, 진간장 50cc
- **시럽** 설탕 100g, 물 200cc

만드는 법

1 꽁치를 3장뜨기한 후 가운데 가시를 제거한다.

2 손질한 꽁치의 내장은 잘게 다진 후 체에 내린다.

3 분량의 유안지 조미료를 모두 섞은 후 **1**의 꽁치를 담가 15분간 둔다.

4 고구마는 껍질째 1cm 두께로 썬 후 미리 끓여둔 시럽에 치자와 함께 넣어 조린다.

5 **4**의 고구마가 끓으면 슬라이스 레몬을 넣고 냄비 그대로 식힌다.

6 **3**의 꽁치를 건져 껍질 쪽에 칼집을 넣고 가타즈마 오레구시 방법으로 쇠꼬챙이를 꽂는다.

7 그릇에 담았을 때 보이는 면부터 굽는다.

8 **3**의 유안지에 **2**의 꽁치 내장과 달걀노른자를 넣고 섞는다.

9 구워진 꽁치에 **8**을 끼얹어 가며 타지 않게 굽는다.

10 그릇에 꽁치와 고구마를 담는다.

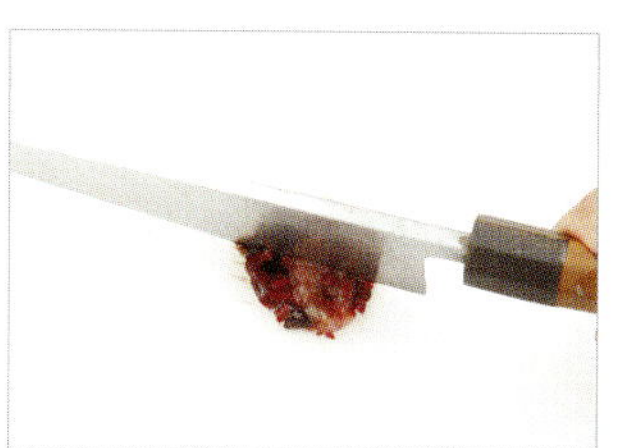

Cooking tip

- **가타즈마 오레구시(片妻折れ串)** : 생선 껍질 쪽을 도마 위에 얹고 앞쪽에 있는 살을 말아서 쇠꼬챙이를 꽂는 방법이다.
- **유안지(幽庵地)** : 술, 미림, 간장을 동량으로 섞은 조미료이다.

豚肉の西京焼き

돼지고기 사이쿄야키

돼지고기 등심 400g, 무 40g, 당근 20g, 오이 40g, 적파프리카 1/4개

● **조미된장** 백된장 300g, 미림 60g, 설탕 30g

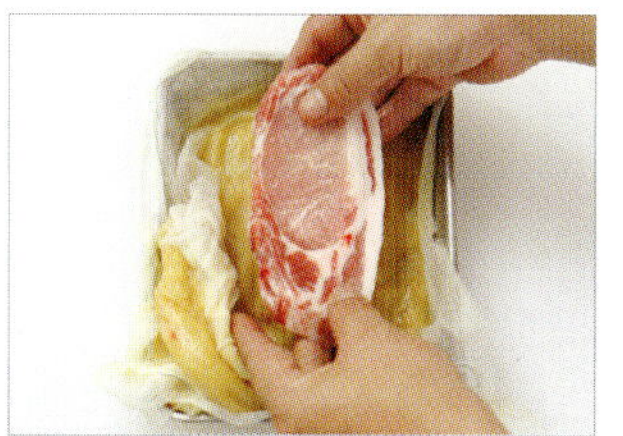

만드는 법

1 분량의 조미된장 재료를 모두 섞는다.

2 넓은 팬에 **1**의 조미된장을 깔고 그 위에 거즈를 덮는다. 돼지고기를 올리고 다시 거즈를 덮은 후 **1**의 된장을 한 번 더 발라 하루 동안 냉장고에서 숙성시킨다.

3 무, 당근, 오이는 돌려깎기한 후 얇게 채 썬다.

4 파프리카는 씨를 제거한 후 얇게 채 썬다.

5 손질한 채소를 모두 물에 담가둔다.

6 숙성된 **2**의 돼지고기는 앞쪽의 폭은 좁고 끝으로 갈수록 넓어지는 형태로 쇠꼬챙이를 꽂은 후 노릇하게 굽는다.

7 구운 돼지고기를 먹기 좋은 크기로 썬 후 그릇에 담고 물기를 제거한 **5**의 채소도 담는다.

 Cooking tip

● **사이쿄야키(西京焼き)** : 사이쿄(西京)는 백된장을 의미하는 말로 사이쿄야키란 백된장을 사용한 구이요리를 뜻한다. 술, 설탕, 미림 등을 넣어 섞은 백된장에 재료를 1~2일간 숙성시켜 굽는 조리법을 말한다.

鴨の鍬焼き

오리고기 철판구이

재료(4인분)

오리 가슴살 1장(200g), 대파 1대, 핑크페퍼 약간

- **다레 たれ** 청주 30cc, 설탕 20g, 미림 30cc, 진간장 30cc

만드는 법

1 오리고기는 힘줄, 지방 등을 제거한 후 껍질 쪽에 1cm 간격으로 칼집을 넣는다.

2 대파는 3cm 길이로 썬 후 길고 가늘게 채 썬다.

3 분량의 다레 재료를 모두 섞는다.

4 손질한 오리고기를 달군 팬에 넣고 껍질 쪽부터 굽는다.

5 오리고기의 기름이 충분히 빠지고 노릇하게 구워지면 뒤집어준다. 반대 쪽은 가볍게 구운 후 오리기름을 깨끗이 제거한다.

6 **5**의 팬에 **3**의 다레를 붓고 오리고기에 끼얹어가며 조린다.

7 다레가 거의 다 조려지면 오리고기를 쿠킹포일에 감싼 후 15분간 둔다.

8 오리고기를 꺼내 5mm 두께로 썬다.

9 그릇에 **8**을 담고, 채 썬 대파로 장식한 후 핑크페퍼를 뿌린다.

 *Cooking tip*

- 다레(**たれ**) : 조합 조미료를 뜻한다.

鰤の杉板焼き

꼬치고기 삼나무구이

재료(4인분)

꼬치고기 2마리, 통조림 밤 4알, 영귤 1개, 삼나무판 8장, 대나무끈 약간

• **담금지** 청주 30cc, 미림 30cc, 연간장 30cc

만드는 법

1 꼬치고기는 3장뜨기한 후 가운데 가시를 제거한다.

2 분량의 담금지 재료를 모두 섞은 후 **1**을 담가 15분간 둔다.

3 담금지에서 꼬치고기를 꺼내어 껍질 쪽에 촘촘하게 칼집을 넣는다.

4 통조림 밤은 팬에 살짝 구워 색을 낸다.

5 영귤은 적당한 크기로 자른 후 씨를 제거한다.

6 꼬치고기는 료즈마 오레구시 방법으로 쇠꼬챙이에 꽂는다.

7 **6**의 꼬치고기를 완전히 구운 후 쇠꼬챙이는 뺀다.

8 미리 물에 적셔놓은 삼나무판 사이에 구운 꼬치고기를 끼운 후 대나무
   끈으로 묶는다.

9 조리용 토치로 삼나무판을 구워 삼나무 특유의 향을 더한다.

10 그릇에 담고 밤과 영귤을 곁들인다.

 *Cooking tip*

• **료즈마 오레구시(両妻折れ串)** : 생선 껍질 쪽을 도마 위에 얹은 후 양쪽 살을
  가운데로 돌돌 말아서 쇠꼬챙이를 꽂는 꼬치 방법이다.

鶏胸身のけんちん焼き

닭가슴살 겐친구이

재료(4인분)

닭가슴살(200g) 1장

- **담금지** 청주 30cc, 설탕 10g, 진간장 30cc, 보리된장 15cc
- **겐친 けんちん** 달걀 1개, 당근 10g, 목이버섯 10g, 꼬투리 완두 1줄, 설탕 5g, 소금 1g, 연간장 5cc

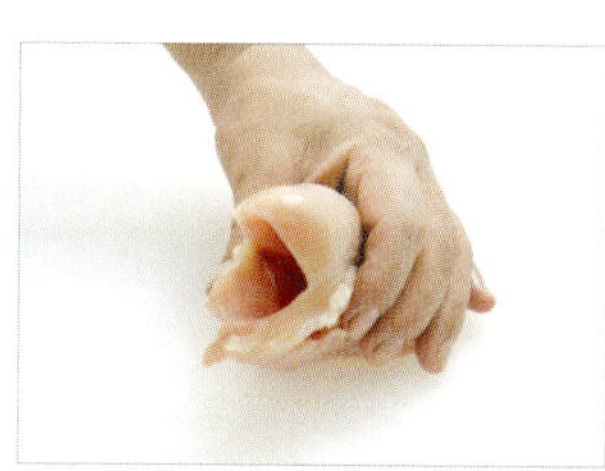

만드는 법

1 닭가슴살은 껍질을 제거한 후 칼집을 넣어 주머니 모양으로 만든다.

2 분량의 담금지 재료를 모두 섞은 후 **1**의 닭고기를 15분간 담가둔다.

3 당근, 목이버섯, 꼬투리 완두를 2cm 길이로 얇게 채 썬 후 끓는 물에 살짝 데친다.

4 겐친 재료의 달걀은 곱게 풀어 냄비에 붓고 반숙 상태로 익힌다.

5 **4**의 냄비에 손질한 **3**의 채소를 넣고 볶는다. 어느 정도 볶아지면 나머지 겐친 재료를 모두 넣고 살짝 더 볶는다. 이때, 달걀은 완전히 익히지 않는다.

6 **2**의 닭가슴살을 담금지에서 꺼낸 후 속에 **5**를 꼼꼼히 채운다. 이때 **5**는 짤주머니를 이용해 넣는다.

7 속을 완전히 채운 후 이쑤시개로 입구를 고정한다.

8 180℃ 오븐에서 15분간 굽는다. 이때, **2**의 담금지를 틈틈이 발라가며 타지 않도록 한다.

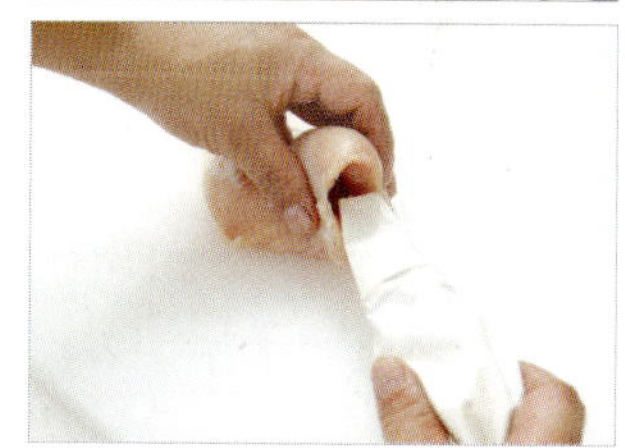

9 한입 크기로 썰어 그릇에 담는다.

 Cooking tip

- **겐친(けんちん)** : 표고버섯, 우엉, 당근 등의 채소를 곱게 채 썰어 양념한 후 유바로 감싸 기름에 튀긴 것이다. 최근에는 으깬 두부나 달걀, 채소 등을 사용하여 만들거나 간장과 청주 등을 넣어 맛을 더하기도 한다.

出し巻き卵

다시 달걀말이

재료(4인분)

달걀 3개, 무 80g, 진간장 약간, 다시 50cc, 소금 1g, 연간장 5cc

만드는 법

1 달걀은 완전히 풀어준 후 다시와 소금, 연간장을 섞는다. 이때, 다시는 반드시 차게 식혀서 사용한다.

2 달걀말이 전용 팬에 기름(분량 외)을 두른 후 **1**을 적당량 부어 60~70% 까지 익힌다.

3 팬을 기울여 위쪽부터 젓가락을 사용해 돌돌 말아준다. 이때, 팬을 위 아래로 올렸다 내리면서 반동을 이용해 앞쪽을 향해 말아야 한다.

4 말아 놓은 달걀말이를 팬의 위쪽으로 올리고 다시 달걀물을 붓는다. 이 때, 말아 놓은 달걀말이를 젓가락으로 살짝 들어 그 밑으로도 달걀물 이 들어가도록 한다.

5 **3~4**의 과정을 3회 정도 반복해 달걀말이를 만든다.

6 완성된 달걀말이를 김발에 올린 후 모양을 잡는다.

7 무는 강판에 곱게 간 후 김발에 올려 가볍게 물기를 제거한다.

8 달걀말이는 적당한 크기로 썬 후 간장 간을 한 간 무와 함께 그릇에 담 는다.

牛肉の八幡巻き

쇠고기 우엉말이

쇠고기 등심(슬라이스) 300g, 우엉 1/3줄, 방울토마토 4개, 산초가루 약간

- **다레 たれ** 진간장 20cc, 미림 20cc, 청주 20cc, 설탕 10g
- **조림지** 다시 200cc, 미림 30cc, 연간장 30cc
- **시럽** 설탕 100g, 물 200cc, 레몬즙 약간

만드는 법

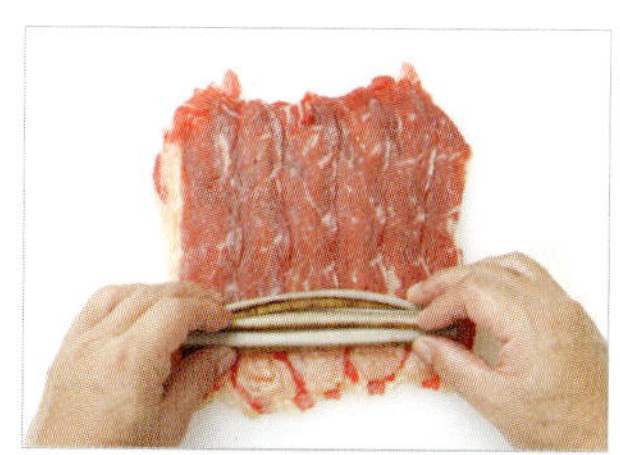

1 우엉은 20cm 길이로 맞춰 썬다. 두꺼운 부분은 4등분, 얇은 부분은 2등분으로 길게 썬다.

2 우엉의 심을 제거한 후 삶는다.

3 냄비에 분량의 조림지 재료를 모두 섞은 후 우엉과 함께 조린다.

4 슬라이스한 쇠고기는 우엉의 길이와 비슷하게 맞춘 후 도마 위에 펼친다.

5 쇠고기 위에 **3**의 우엉을 얹고 돌돌 말아준다.

6 방울토마토는 바닥에 열십자(十) 모양의 칼집을 넣은 후 끓는 물에 10초간 데친다.

7 얼음물에 바로 담가 껍질을 벗긴다.

8 냄비에 분량의 시럽 재료를 모두 넣고 설탕이 녹을 때까지 끓인 후 **7**의 방울토마토를 넣고 조린다. 냄비에 담긴 상태로 식힌다.

9 다른 팬에 기름을 두른 후 **5**를 넣고 노릇하게 굽는다.

10 쇠고기가 완전히 익으면 분량의 다레를 넣고 조린다.

11 쇠고기를 한입 크기로 썬 후 **8**의 방울토마토와 함께 그릇에 담는다.

Cooking tip

- **야와타(八幡)** : 야와타(八幡)는 우엉이 많이 나기로 유명한 교토의 지명이다.

煮物

———

조림

조림은 재료의 맛이나 신선도, 성질 등을 파악한 후 물 또는 다시, 조미료와 함께 넣고 끓이는 것이다. 조림 요리에서 가장 중요한 점은 재료 본연의 맛을 살려 조리하는 것이다.

조림의 종류로는 조미한 조림국물에 재료를 그대로 넣어 조리는 것과 미리 튀기거나 구워놓은 재료를 넣어 조리는 것 등 여러 가지 방법이 있다. 그중에서도 다키아와세(炊き合わせ)는 조림의 기본이 된다. 다키아와세란 두 종류 이상의 재료를 각각 다른 냄비에 다른 맛으로 조린 후 하나의 접시에 담는 방법이다. 색이나 모양, 식감 등 궁합이 잘 맞는 제철 재료를 선택하는 것이 중요하다.

1) 조리의 포인트

① 딱딱한 재료는 한 번 데치고, 어패류는 표면만 살짝 데쳐 비늘과 피 등을 깨끗이 제거한 후 사용하는 것이 좋다.

② 냄비는 재료의 크기에 맞게 선택하는 것이 중요하다. 너무 크면 조림국물이 많이 필요하게 되고 너무 작으면 재료끼리 겹쳐지게 되어 재료 모양이 흐드러지게 된다.

③ 오토시부타(落し蓋)를 사용한다. 오토시부타를 덮게 되면 냄비 안에서 대류작용이 일어나 재료에 조림 양념이 골고루 배게 된다.

2) 조미료의 사용법

조미료는 사(さ) – 설탕(砂糖 : 사토), 시(し) – 소금(塩 : 시오), 스(す) – 식초(酢 : 스), 세(せ) – 간장(醬油 : 쇼유), 소(そ) – 된장(味噌 : 미소)의 순으로 넣는다. 그 이유는 분자량이 작은 소금부터 넣게 되면 분자량이 큰 설탕을 첨가했을 때 맛이 잘 스며들지 않기 때문이다. 반드시 이렇게 해야 하는 것은 아니지만 설탕이나 미림과 같은 단맛이 나는 조미료를 먼저 넣어 맛을 스며들게 한 후에 소금, 간장, 된장 등 염분이 있는 조미료를 넣는 것이 좋다.

鯛のあら炊き

도미머리조림

재료(4인분)

도미머리 1마리 분량, 우엉 1/2개, 생강 40g, 산초잎 8장

- **조림국물** 물 200cc, 청주 100cc, 설탕 20g, 미림 30cc, 진간장 30cc,
  다마리간장 5cc

만드는 법

1. 도미머리는 2등분한 후 눈, 입, 가슴지느러미살 부분으로 나눠 깨끗이 씻는다.

2. 손질한 **1**의 도미에 뜨거운 물을 부어 남은 비늘과 피 등을 깨끗하게 제거한다.

3. 생강은 껍질을 벗긴 후 얇게 채 썰어 찬물에 담가놓는다.

4. 우엉은 길이로 4~6등분한 후 4cm 길이로 썬다. 이때, 가운데 심 부분은 제거한다.

5. 냄비에 **4**의 우엉을 깔고 그 위에 밑손질한 도미머리를 올린다.

6. **5**의 냄비에 청주와 물을 붓고 끓인다. 끓기 시작하면 떠오르는 거품을 제거하고 오토시부타를 덮는다.

7. 도미머리의 눈이 하얗게 변하면 미림과 설탕을 넣고 조린다.

8. 2분 정도 있다가 진간장을 붓고 한 번 더 조린다.

9. 냄비의 조림국물이 절반의 양으로 줄어들면 다마리간장을 넣고 국자로 국물을 끼얹어가며 윤기가 날 때까지 조린다.

10. 그릇에 도미머리를 담고 얇게 채 썬 생강과 우엉을 곁들인다. 위에 산초잎을 올려 완성한다.

あらかぶの煮付け

쏨뱅이조림

재료(4인분)

쏨뱅이 4마리, 대파 1대, 생강 30g, 청유자 1개

• **조림국물** 물 200cc, 청주 100cc, 설탕 20g, 미림 30cc, 진간장 30cc

만드는 법

1 쏨뱅이는 비늘과 아가미를 제거한 후 배에 칼집을 넣어 내장을 제거한다.

2 쏨뱅이의 앞뒤 면에 우물 정(#) 모양으로 칼집을 넣는다.

3 2에 뜨거운 물을 부어 남은 비늘과 피를 깨끗하게 제거한다.

4 대파는 직화로 구운 후 적당한 크기로 썬다.

5 생강은 껍질을 벗기고 얇게 채 썬 후 찬물에 담가 둔다.

6 청유자는 껍질을 벗겨 속의 흰 부분을 깨끗이 제거한 후 껍질을 얇게 채 썰어 물에 살짝 씻는다.

7 분량의 조림국물 재료를 모두 섞는다.

8 냄비에 3의 쏨뱅이를 겹치지 않게 넣고 7의 조림국물을 부어 끓인다.

9 끓기 시작하면 떠오르는 거품을 제거하고 오토시부타를 덮는다.

10 조림국물이 반 정도로 졸아들면 국자로 조림국물을 끼얹어가며 광택이 날 때까지 조린다.

11 불을 끄기 직전에 대파를 넣고 살짝 익힌다.

12 그릇에 쏨뱅이를 담고 대파를 앞쪽에 놓는다. 위에 채 썬 생강과 청유자를 올려 장식한다.

 *Cooking tip*

• 생선 조림을 할 때는 재료가 서로 겹치지 않게 큰 냄비를 이용하는 것이 좋다.

揚げ太刀魚おろし煮

튀긴 갈치 무조림

재료(4인분)

갈치 1/4마리, 쪽파 60g, 무 300g, 소금 약간, 밀가루 약간

- **조림국물** 다시 400cc, 미림 80cc, 진간장 80cc

만드는 법

1 갈치는 3장뜨기한 후 약간의 소금을 뿌려둔다.

2 쪽파는 뿌리를 깨끗이 제거한 후 3cm 길이로 썬다.

3 무는 강판에 곱게 간 후 김발에 밭쳐 물기를 제거한다.

4 손질한 **1**의 갈치를 적당한 크기로 썬 후 밀가루를 골고루 묻힌다. 이때,
여분의 밀가루는 털어낸다.

5 170℃ 기름에 **4**의 갈치를 넣고 노릇하게 튀긴 후 뜨거운 물을 부어 기
름기를 제거한다.

6 냄비에 분량의 조림국물 재료를 모두 넣고 끓인다. 끓기 시작하면 **5**의
갈치를 넣고 2~3분간 약불에서 조린다.

7 쪽파와 간 무 반을 넣고, 한 번 끓어오르면 불을 끈다.

8 그릇에 담고 남은 간 무를 올려 완성한다.

丸茄子そぼろあんかけ

둥근가지 소보로앙카케

재료(4인분)

둥근가지 2개, 다진 닭고기 200g, 꽈리고추 4개, 실고추 약간, 물전분 약간

• **조림국물** 다시 300cc, 설탕 6g, 미림 25cc, 연간장 25cc

만드는 법

1 둥근가지는 껍질을 듬성듬성 벗긴 후 2등분한다.

2 가지가 속까지 잘 익도록 쇠꼬챙이로 구멍을 뚫는다.

3 밑손질한 둥근가지를 160℃ 기름에 넣고 튀긴다.

4 꽈리고추는 꼭지와 씨를 제거한 후 150℃ 기름에 넣고 튀긴다.

5 냄비에 식혀놓은 다시와 설탕, 미림, 연간장, 다진 닭고기를 넣고 잘 풀어놓는다.

6 5를 불에 올려 냄비 바닥이 타지 않고 다진 닭고기가 덩어리지지 않도록 잘 저어가며 볶는다.

7 6의 냄비가 끓어오르면 물전분을 풀어 농도를 조절하고 한 번 더 끓인다.

8 그릇에 3의 가지를 담고 위에 7을 듬뿍 끼얹는다. 튀긴 꽈리고추와 실고추로 장식한다.

鯖の味噌煮

고등어 된장조림

재료(4인분)

고등어(400g) 1마리, 쑥갓 100g, 두부 1/4모, 대파 1대, 생강 약간, 적된장 30g,
백된장 20g

* **조림국물** 물 200cc, 청주 100cc, 설탕 20g, 진간장 30cc

만드는 법

1 고등어는 3장뜨기한 후 가운데 가시를 제거한다.

2 포 뜬 고등어살을 2등분한 후 80℃ 정도의 뜨거운 물에 살짝 담갔
  다가 바로 얼음물에 넣는다.

3 쑥갓은 깨끗이 씻어 끓는 물에 소금을 넣고 데친 후 찬물에 담가
  식힌다.

4 데친 쑥갓은 물기를 제거한 후 3cm 길이로 썬다.

5 두부는 적당한 크기로 썬다.

6 대파는 3cm 길이로 썬 후 가늘고 길게 채 썬다.

7 냄비에 분량의 조림국물 재료와 얇게 썬 생강을 넣고 끓인다.

8 끓기 시작하면 떠오르는 거품을 제거한 후 오토시부타를 덮어 조
  린다.

9 조림국물이 반 정도로 졸아들면 고등어를 넣고 분량의 된장을 체
  에 풀어 넣는다.

10 국자로 국물을 끼얹어가며 조린다. 조림국물이 걸쭉해지면 쑥갓과
   두부를 넣고 살짝 익힌다.

11 그릇에 조린 고등어를 담고 쑥갓과 두부를 앞에 담는다. 조림국물
   을 위에 끼얹고 대파를 올려 완성한다.

豚の角煮

돼지고기조림

재료(4인분)

돼지고기 삼겹살 600g, 브로콜리 1/4개, 겨자 약간

- **조림국물** 다시 600cc, 청주 100cc, 미림 100cc, 진간장 100cc, 물전분 약간
- **스이지핫포** 吸地八方 다시 200cc, 미림 25cc, 연간장 25cc

만드는 법

1 브로콜리는 한입 크기로 썬 후 끓는 물에 데친다.

2 스이지핫포를 만든 후 **1**을 담가 맛이 배도록 한다.

3 돼지고기는 찜통에 덩어리째 넣고 3~4시간 찐다. 쇠꼬챙이로 찔렀을 때 부드럽게 들어가면 다 익은 것이다.

4 **3**을 상온에서 식힌 후 적당한 크기로 썬다.

5 끓는 물에 **4**의 돼지고기를 넣고 살이 부드러워질 때까지 삶는다.

6 다른 냄비에 물전분을 제외한 조림국물 재료와 돼지고기를 넣고 오토시부타를 덮어 끓인다.

7 끓기 시작하면 불을 줄이고 고기에 조림국물의 맛이 배도록 조린다.

8 1시간 정도 조린 후 불을 끄고 냄비에 담긴 그대로 식힌다.

9 그릇에 담기 전 **8**을 한 번 더 데운 후 보기 좋게 담는다.

10 남은 조림국물에 물전분을 풀어 농도를 조절한 후 **9**의 돼지고기 위에 끼얹는다.

11 돼지고기 위에 **2**의 브로콜리와 부드럽게 갠 겨자를 올린다.

伊勢海老の具足煮

이세에비조림

재료(4인분)

이세에비 1마리, 순무 1/2개, 노란 유자 1/2개, 물 100cc, 청주 100cc, 미림 50cc, 소금 2.5g, 백된장 15g, 생강 20g

- **조림국물** 다시 600cc, 청주 10cc, 미림 10cc, 연간장 10cc

만드는 법

1. 이세에비는 머리와 몸통으로 나눈 후 몸통을 길이로 4등분한다.

2. 유자는 껍질을 벗긴 후 속의 흰 부분을 완전히 제거한 다음 껍질을 곱게 채 썬다.

3. 순무는 껍질을 두껍게 벗긴 후 반으로 잘라 다시 4등분한다.

4. 순무의 모서리를 칼로 다듬고 80%까지 익도록 삶는다.

5. 분량의 조림국물 재료를 모두 섞은 후 **4**의 순무와 함께 끓인다.

6. 냄비에 손질한 이세에비를 넣고 청주와 물을 넣어 끓인다.

7. 끓기 시작하면 떠오르는 거품을 걷어내고 미림을 넣은 후 오토시부타를 덮어 조린다. 도중에 이세에비를 한 번 뒤집어준다.

8. 불을 끄기 직전 백된장과 소금을 넣어 간하고 생강즙을 뿌린다.

9. 다 삶은 이세에비는 껍데기에서 살을 떼어낸 후 다시 껍데기에 담아 그릇에 담는다.

10. 순무, 유자 껍질을 올려 장식한다.

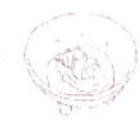 *Cooking tip*

- **금닭새우(伊勢海老 : 이세에비)** : 길이는 20~30cm, 무게는 1kg 이내이다. 몸 전체가 어두운 붉은색이며 가시가 있는 딱딱한 껍데기로 싸여 있다.
- 이세에비는 오래 찌면 살이 딱딱해지므로 주의한다.

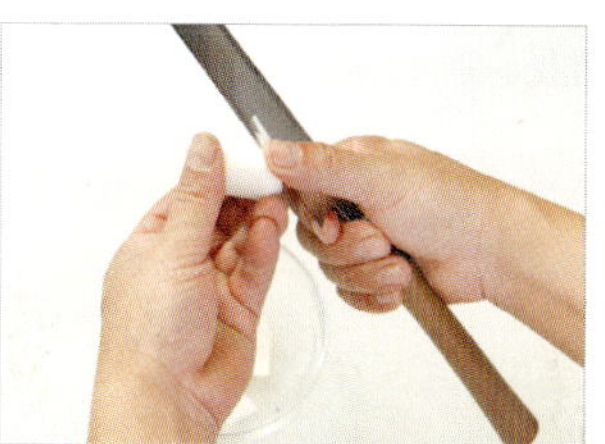

穴子の柳川風

붕장어 우엉조림

재료(4인분)

붕장어(100g) 2마리, 우엉 1/2개, 참나물 8줄기, 달걀 4개, 산초가루 약간

- **붕장어 조림국물** 다시 300cc, 청주 150cc, 미림 40cc, 설탕 10g, 연간장 40cc
- **야나가와 조림국물** 다시 600cc, 설탕 10g, 미림 60cc, 연간장 60cc

만드는 법

1 붕장어 표면은 칼로 긁어 점액질을 제거한다.

2 도마에 붕장어를 올린 후 송곳으로 찔러 고정시킨다.

3 등 쪽에 칼을 넣어 살을 벌린 후 내장과 가운데 뼈를 제거한다.

4 등지느러미와 배지느러미도 제거한다.

5 살이 팬 바닥에 닿도록 올린 후 뜨거운 물을 껍질 쪽에 붓는다.

6 손질한 **5**의 붕장어를 물에 담갔다가 꺼내 껍질의 점액을 칼로 다시 한 번 긁어 제거한다.

7 냄비에 분량의 붕장어 조림국물 재료를 모두 넣고 끓인다.

8 조림국물이 끓기 시작하면 손질한 **6**의 붕장어를 넣고 뚜껑을 덮어 약불에서 20분간 조린다.

9 조림국물에 담긴 상태로 식힌다.

10 완전히 식으면 붕장어를 꺼내 껍질 쪽이 도마에 닿도록 올린 후 2cm 폭으로 썬다.

11 우엉은 깨끗이 씻은 후 길이로 잔칼집을 넣는다.

12 연필 깎듯이 우엉을 채 썬 다음 가볍게 씻어준다.

13 참나물은 줄기만 남도록 손질한 후 2cm 길이로 썬다.

14 냄비에 손질한 **12**의 우엉을 깔고 붕장어를 담는다.

15 분량의 야나가와 조림국물 재료를 모두 섞어 **14**의 냄비에 붓고 끓인다.

16 끓기 시작하면 1분간 더 끓인 후 풀어놓은 달걀을 넣고 살짝 익힌다.

17 손질한 참나물과 산초가루를 뿌려 완성한다.

Cooking tip

- **야나가와 나베(柳川なべ)** : 원래는 미꾸라지와 우엉을 넣어 조미한 국물에 달걀을 얹어 살짝 익힌 나베를 말한다.

焚き合わせ

다키아와세

재료(4인분)

오리고기(200g) 1/2장, 청유자 1/2개, 단호박 80g, 산초잎 8장, 토란(30g) 4개,
파프리카(적) 1/3개, 밀가루 약간, 건표고버섯 4장, 꼬투리완두 12개

- **오리고기 조림국물** 다시 300cc, 미림 40cc, 진간장 40cc, 와사비 약간
- **단호박 조림국물** 다시 350cc, 설탕 20g, 미림 50cc, 연간장 50cc
- **토란 조림국물** 다시 400cc, 연간장 40cc, 미림 15cc
- **건표고버섯 조림국물** 다시 200cc, 설탕 10g, 진간장 15cc
- **파프리카 조림국물** 다시 240cc, 미림 30cc, 연간장 30cc
- **꼬투리완두 조림국물** 다시 100cc, 소금 2g

만드는 법

1 오리고기는 껍질에 촘촘히 칼집을 넣은 후 껍질이 아래로 가도록 놓고 어슷하게 썬다.

2 썬 오리고기는 칼로 가볍게 두드린 후 밀가루를 묻힌다.

3 냄비에 분량의 오리고기 조림국물을 섞은 후 끓인다. 끓기 시작하면 2의 오리고기를 넣고 한 번 더 끓인다.

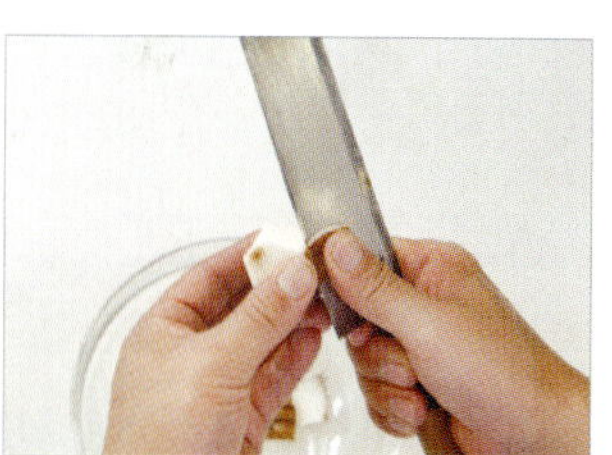

4 단호박은 한입 크기로 썬 후 껍질을 벗기고 분량의 단호박 조림국물 재료를 넣어 익힌다.

5 토란은 껍질을 벗긴 후 정육각형 모양으로 썰어 끓는 물에 삶는다.

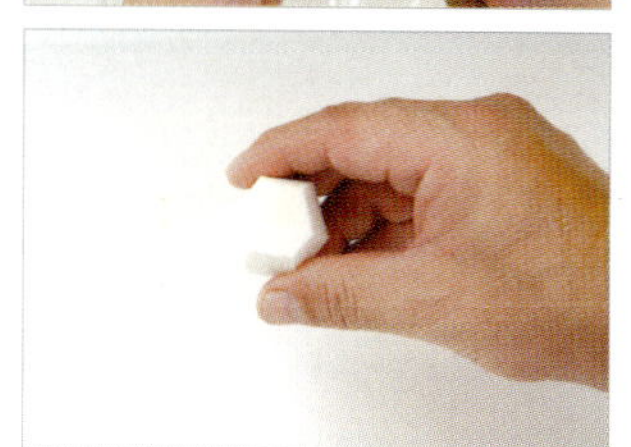

6 분량의 토란 조림국물에 손질한 토란을 넣고 끓여 맛이 배도록 한다.

7 파프리카는 불에 직접 구운 후 물에 담근다.

8 파프리카의 껍질을 벗긴 후 분량의 파프리카 조림국물과 함께 조린다.

9 물에 불린 표고버섯 역시 분량의 표고버섯 조림국물과 함께 조린다.

10 꼬투리완두는 질긴 섬유질을 제거한 후 끓는 물에 소금을 넣고 데친다.

11 데친 꼬투리완두를 3cm 길이로 썬 후 분량의 꼬투리완두 조림국물과 함께 조린다.

12 청유자는 껍질을 벗긴 후 속의 흰색 부분을 깨끗이 제거하고 껍질을 곱게 채 썬다.

13 그릇에 준비한 모든 재료를 깨끗이 담고 청유자 껍질을 올린다. 이때 유자 껍질을 갈아서 뿌려도 좋다.

揚げ物

튀김

튀김은 많은 양의 기름에 재료를 담가 익히는 조리법이다. 160~180℃의 고온에서 튀기므로 재료 고유의 감칠맛이 빠져나가지 않으며 짧은 시간 안에 익힐 수 있다. 튀김은 기름의 온도에 따라 맛이 좌우되며 재료의 종류나 크기, 조리의 목적에 따라서도 튀기는 온도와 시간이 달라진다. 일반적으로 적당한 튀김의 온도는 180℃로 알려져 있지만 반드시 그런 것은 아니다. 재료를 잘 튀기기 위해서는 기름의 온도를 잘 조절해 튀기는 것이 중요하다.

튀김(揚げ物)의 종류
① 스아게(素揚げ) : 밑손질한 재료에 아무것도 묻히지 않고 그대로 튀기는 방법이다. 재료가 가진 색이나 형태를 살릴 수 있다.
② 고로모아게(衣揚げ) : 밀가루나 전분을 물에 푼 후 재료에 묻혀 튀기는 방법이다. 밀가루나 전분 외의 다른 재료를 묻혀 튀기는 것을 가와리아게(変わり揚げ)라고 한다.
③ 가라아게(から揚げ) : 재료를 그대로 혹은 밑간을 한 재료에 밀가루, 전분만을 묻혀 튀기는 방법이다.

野菜のチップいろいろ

다양한 채소 칩

재료(4인분)
연근 약간, 단호박 약간, 당근 약간, 고구마 약간, 감자 약간, 소금 약간

만드는 법

1 채소는 깨끗이 씻은 후 슬라이서를 이용해 얇게 썬다.

2 썬 채소는 단풍잎 또는 은행잎 등의 다양한 모양틀로 찍는다.

3 **2**의 채소를 넓은 팬에 겹치지 않게 펼친 후 그늘에서 말린다. 이때, 너무 바삭하게 말리면 튀길 때 부서지므로 채소의 숨이 죽을 정도로만 말려야 한다.

4 160℃ 기름에 넣고 천천히 색이 날 때까지 튀긴다.

5 소금을 가볍게 뿌린다.

Cooking tip

- 음식의 계절감을 나타낼 때 곁들이면 좋다.

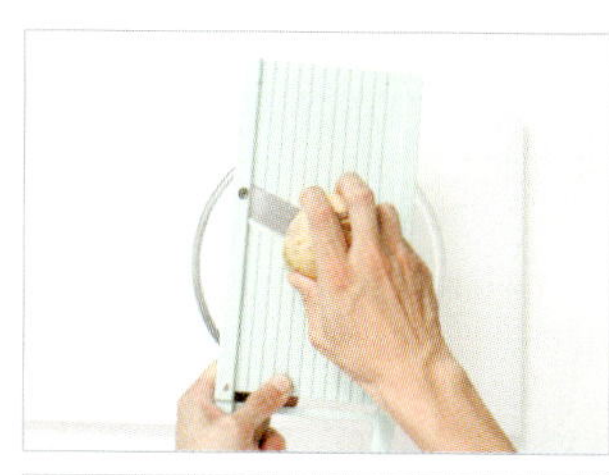

茄子の揚げだし

가지 아게다시

재료(4인분)

가지 2개, 꽈리고추 4개, 무 약간, 말린 홍고추 약간, 김 약간, 쪽파 약간

• **조림국물** 다시 200cc, 연간장 30cc, 미림 30cc

만드는 법

1 가지는 껍질을 얇게 듬성듬성 벗긴 후 한입 크기로 썬다.

2 꽈리고추는 나무꼬치로 구멍을 뚫은 후 꼭지를 제거한다.

3 쪽파는 잘게 썬다.

4 손질한 가지와 꽈리고추는 170~180℃ 기름에서 노릇하게 튀긴다.

5 말린 홍고추를 부드럽게 삶아, 무에 끼워넣어 강판에 곱게 간다.

6 냄비에 분량의 조림국물 재료를 모두 넣고 끓인다.

7 그릇에 **4**를 담은 후 끓인 **6**의 조림국물을 끼얹는다. 그 위에 쪽파, 간 무, 김을 얹어 완성한다.

 *Cooking tip*

• **아게다시(揚げだし)** : 튀긴 재료 위에 조미한 조림국물을 부어 먹는 요리이다.

天ぷら

덴푸라

재료(4인분)

새우 4마리, 보리멸 4마리, 가지 1/2개, 단호박 1/16개, 차조기잎 4장, 간 무 약간,
간 생강 약간

- **튀김옷** 달걀노른자 1개 분량, 차가운 물 200cc, 박력분 100g
- **덴다시** 天だし 다시 200cc, 진간장 50cc, 미림 50cc

만드는 법

1 새우는 껍질을 벗긴 후 등 쪽의 내장, 꼬리의 물주머니를 제거한다. 배
   쪽에 칼집을 2~3군데 넣고 새우 등을 눌러 곧게 편다.

2 보리멸은 머리를 제거한 후 등지느러미 위로 칼을 넣어 살을 펼친다. 뒤
   집어 반대쪽도 등지느러미 위로 칼을 넣어 살과 뼈를 분리한다.

3 단호박을 적당한 크기로 썰고 차조기잎은 줄기 부분을 제거한다.

4 가지는 3cm 길이로 썬 후 세로로 칼집을 넣어 부채 모양으로 만든다.

5 냄비에 분량의 덴다시 재료를 모두 넣고 끓인다.

6 튀김옷을 만든다. 차가운 물에 달걀노른자를 섞은 후 박력분을 조금씩
   넣으며 섞는다. 이때, 너무 많이 섞으면 점성이 생기므로 주의한다.

7 손질한 새우와 보리멸에 붓으로 밀가루(분량 외)를 묻힌다.

8 손질한 재료에 튀김옷을 묻힌 후 160~180℃ 기름에서 튀긴다.

9 덴다시에 간 무와 간 생강을 곁들인다.

Cooking tip

- 튀김옷은 차게 보관한 후 재료에 묻혀야 한다.

鶏の丸十身巻揚げ

닭고기 고구마말이 튀김

재료(4인분)

닭다리살 200g, 고구마(대) 1개, 피망 1개, 밀가루 약간, 무 약간, 말린 홍고추 약간,
레몬 1/2개, 소금 약간

- **튀김옷** 달걀노른자 1개 분량, 차가운 물 200cc, 박력분 100g
- **이리다시** いり出し 다시 100cc, 연간장 15cc, 미림 15cc

만드는 법

1 닭고기는 칼로 두드려 힘줄을 끊어준 후 결을 따라 얇고 가늘게 잘라 소금
   을 뿌린다.

2 껍질을 벗긴 고구마는 얇게 돌려깎기한 후 소금물에 담가두었다가 물기를
   제거한다.

3 피망은 반으로 썰어 씨를 제거한 후 긴 삼각형 모양으로 썬다.

4 튀김옷을 만든다. 차가운 물에 달걀노른자를 섞은 후 박력분을 조금씩 넣
   으며 섞는다. 이때, 너무 많이 섞으면 점성이 생기므로 주의한다.

5 손질한 **1**의 닭고기에 약간의 밀가루를 뿌린 후 **4**의 튀김옷을 입힌다.

6 **2**의 고구마에 약간의 밀가루를 뿌린 후 **5**를 올린다.

7 고구마를 조심스레 두 바퀴 말아준 후 이음매 부분을 이쑤시개로 고정한다.

8 160~170℃ 기름에서 노릇한 색깔이 날 때까지 튀긴다. 이때, 닭고기는 완전
   히 익히도록 한다.

9 손질한 **3**의 피망도 가볍게 튀긴다.

10 분량의 이리다시 재료를 모두 냄비에 넣고 끓인다.

11 말린 홍고추를 부드럽게 삶아, 무에 끼워넣어 강판에 곱게 간다.

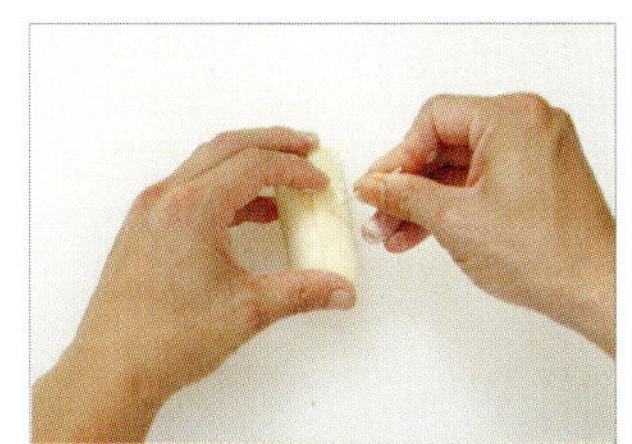

12 그릇에 이쑤시개를 제거한 튀김과 피망, 간 무, 길이로 썬 레몬을 올린다.

海老の蓑揚げ

새우 감자말이 튀김

재료(4인분)

새우 4마리, 감자(대) 1개, 은행 8알, 밀가루 약간

- **튀김옷** 달걀노른자 1개 분량, 차가운 물 200cc, 박력분 100g

만드는 법

1 새우는 껍질을 벗긴 후 등 쪽의 내장, 꼬리의 물주머니를 제거한다. 배 쪽
   에 칼집을 2~3군데 넣고 새우 등을 눌러 곧게 편다.

2 감자는 0.3cm 두께로 채 썰어 물에 헹군다.

3 감자의 물기를 제거한 후 밀가루와 버무린다.

4 손질한 **1**의 새우에도 밀가루를 묻힌다.

5 튀김옷을 만든다. 차가운 물에 달걀노른자를 섞은 후 박력분을 조금씩 넣
   으며 섞는다. 이때, 너무 많이 섞으면 점성이 생기므로 주의한다.

6 랩 위에 **4**의 감자를 올리고 그 위에 튀김옷을 입힌 **4**의 새우를 얹고 돌돌
   말아 모양을 잡아준다.

7 **6**의 랩을 벗기고 170℃ 기름에 넣고 노릇하게 튀긴다.

8 은행은 겉껍질을 벗긴 후 170℃ 기름에서 살짝 튀긴 다음 솔잎에 끼운다.

9 그릇에 튀긴 새우를 담고 **8**의 은행을 곁들인다.

鱧の東寺揚げ

보리멸 유바 튀김

보리멸 4마리, 건조 유바 80g, 영귤 1/2개, 달걀흰자 2개 분량, 밀가루 약간

만드는 법

1 보리멸은 머리를 제거한 후 등지느러미 위로 칼을 넣어 살을 펼친다.

2 뒤집어 반대쪽도 등지느러미 위로 칼을 넣어 살과 뼈를 분리한다.

3 달걀흰자는 잘 풀어준다.

4 손질한 보리멸에 밀가루를 살짝 묻힌 후 3의 흰자를 묻힌다.

5 4에 건조 유바를 고루 묻힌 후 170℃ 기름에서 노릇하게 튀겨낸다.

6 그릇에 튀긴 보리멸을 담고 슬라이스한 영귤로 장식한다.

 *Cooking tip*

• 유바를 사용한 요리에는 도지(東寺)라는 이름이 붙는다.

めごちのあられ揚げ

까지양태 찹쌀 튀김

재료(4인분)

까지양태 4마리, 찹쌀튀김 80g, 달걀흰자 2개 분량, 밀가루 약간, 영귤 약간

만드는 법

1 까지양태는 배가 위로 오도록 뒤집은 다음 지느러미 부분에 칼을 넣어 머리를 자른다.

2 머리를 오른쪽, 배는 앞 쪽으로 향하게 두고 머리 쪽에서 꼬리를 향해 뼈 위로 칼을 넣어 자른다(꼬리는 붙어 있는 상태). 반대로 뒤집어 머리 쪽에서 꼬리를 향해 뼈 위로 칼을 넣어 뼈와 살을 분리한다.

3 달걀흰자는 잘 풀어준다.

4 손질한 까지양태에 밀가루를 살짝 묻힌 후 **3**의 달걀흰자를 입힌다.

5 찹쌀튀김을 **4**의 겉면에 빈틈없이 고루 묻힌 후 170℃ 기름에서 노릇하게 튀긴다.

6 그릇에 **5**를 담고 영귤을 곁들여 낸다.

 *Cooking tip*

- 찹쌀튀김(**あられ** : 아라레) : 찹쌀을 쪄서 구운 것이다.

海老真丈の鹿の子揚げ

새우완자 식빵 튀김

재료(4인분)

보리새우(냉동새우 대체가능) 4마리, 간 흰살생선살 160g, 냉동 식빵 40g,
청피망 50g, 레몬 1/2개

- **다마고노 모토** 卵の素 달걀노른자 1개 분량, 식용유 50cc

만드는 법

1 달걀노른자에 식용유를 조금씩 넣으며 분리되지 않도록 섞어 다마고노
　모토를 만든다.

2 보리새우는 머리와 껍질을 제거한 후 굵게 다진다.

3 간 흰살생선살과 **2**를 절구에 넣고 간다. 이때, 다마고노 모토를 넣고 한
　번 더 곱게 간다.

4 **3**의 반죽을 비닐봉지에 넣는다.

5 냉동 상태의 식빵은 5×5mm 사각형 모양으로 썬다.

6 넓은 팬에 **5**의 식빵을 깔고 그 위에 **4**를 동그란 모양으로 짠다.

7 **6**의 겉면에 식빵이 고루 묻도록 모양을 잡은 후 170℃ 기름에서 노릇하
　게 튀긴다.

8 피망은 반으로 썰어 씨를 제거한 후 긴 삼각형 모양으로 썰어 튀긴다.

9 그릇에 튀김과 피망을 담고 레몬으로 장식한다.

 *Cooking tip*

튀겨진 모양이 새끼사슴(鹿の子)의 등 모양과 닮아서 '가노코아게(鹿の子揚げ)'라고 한다.

鯵の竜田揚げ

전갱이 튀김

재료(4인분)

전갱이 2마리, 아스파라거스 4개, 레몬 1/2개, 전분 약간, 소금 약간

- **전갱이 밑간** 진간장 50cc, 청주 50cc, 미림 50cc

만드는 법

1 전갱이는 3장뜨기한다. 가운데 가시를 제거하고 한입 크기로 썬다.

2 분량의 전갱이 밑간 재료를 모두 섞은 후 **1**을 담가 5분간 재운다.

3 아스파라거스는 줄기의 질긴 부분과 껍질을 제거한 후 4cm 길이로 썬다.

4 레몬은 길이로 썬다.

5 밑간해둔 **2**의 전갱이는 물기를 제거한 후 전분을 묻힌다.

6 170℃ 기름에서 진한 갈색이 될 때까지 튀긴다.

7 아스파라거스도 살짝 튀긴 후 소금으로 간한다.

8 그릇에 전갱이 튀김과 아스파라거스를 담은 후 레몬으로 장식한다.

Cooking tip

- 알록달록 튀겨진 색의 모습이 단풍으로 유명한 다츠타(竜田) 지방의 단풍과 닮았다 하여 다츠타아게(竜田揚げ)라고 한다.

鶏の唐揚げ

닭고기 튀김

재료(4인분)

닭다리살 400g, 꽈리고추 4개, 레몬 1/2개

• **닭고기 밑간** 소금 약간, 달걀 1개, 파프리카가루 약간, 간 생강 5g, 전분 약간,
간 양파 10g, 후추 약간, 진간장 30cc, 청주 10cc

만드는 법

1 닭다리살은 한입 크기로 썬다.

2 분량의 닭고기 밑간 재료를 모두 섞은 후 손질한 **1**의 닭고기를 담가 30분간 둔다.

3 꽈리고추는 나무꼬치로 구멍을 뚫은 후 꼭지를 제거한다.

4 레몬은 길이로 썬다.

5 **2**에 전분을 묻혀 160℃ 기름에서 노릇하게 튀긴다.

6 **5**를 건져 2~3분 두었다가 다시 170℃의 기름에 넣어 겉이 바삭하도록 튀겨낸다.

7 손질한 꽈리고추도 튀긴 후 소금으로 간한다.

8 그릇에 튀긴 닭고기를 담고 꽈리고추와 레몬으로 장식한다.

鰈の唐揚げ

가자미 튀김

재료(4인분)

가자미 4마리, 꽈리고추 4개, 레몬 1/2개, 전분 약간, 소금 약간

만드는 법

1 가자미는 5장뜨기한 후 가운데 굵은 가시를 잘라낸다.

2 손질한 가자미살에 소금을 뿌린다.

3 뼈에 남은 살은 숟가락으로 긁어 깨끗이 제거한 후 표면이 마르도록 건조시킨다.

4 꽈리고추는 나무꼬치로 구멍을 뚫은 후 꼭지를 제거한다.

5 레몬은 길이로 썬다.

6 **3**의 가자미뼈를 활처럼 휘게 한 후 대나무꼬치로 고정시킨다.

7 전분을 묻힌 후 150℃ 기름에서 노릇하게 튀긴다.

8 **2**의 가자미살은 적당한 크기로 자르고 전분을 묻힌 후 170℃ 기름에서 노릇하게 튀기고 **7**을 한 번 더 튀긴다.

9 튀겨낸 가자미살에 소금을 뿌린다.

10 손질한 꽈리고추도 튀긴 후 소금으로 간한다.

11 그릇에 튀긴 가자미뼈를 담고 그 위에 튀긴 가자미살, 꽈리고추, 레몬을 곁들인다.

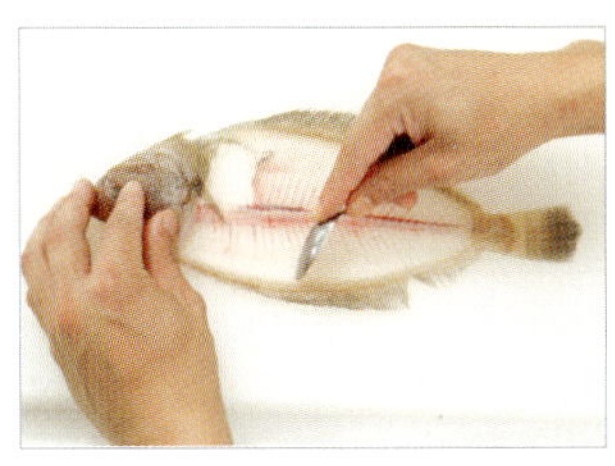

蒸し物

찜

찜은 증기를 이용하여 재료의 중심부까지 간접적으로 열을 전달해 가열하는 조리법이다. 열효율이 좋고 재료의 형태를 그대로 살려 조리할 수 있다. 또한 증기로 가열하므로 재료가 부드럽게 익고 맛이나 향, 영양분이 잘 빠져나가지 않으며 형태가 무너지거나 탈 걱정이 없다.

비교적 담백한 재료에 적합한 조리법이다. 그러나 재료의 상태가 좋지 않거나 밑손질이 잘 되어 있지 않았을 경우 비린내가 날 수 있으니 주의해야 한다.

찜은 김이 갖는 따뜻한 분위기 때문에 주로 가을과 겨울에 많이 먹는다.

茶碗蒸し

달걀찜

재료(4인분)

작은 새우 4마리, 닭다리살 50g, 건표고버섯(작은 것) 4개, 만가닥버섯 40g,
가마보코 1/3장, 유자 1/4개

• **달걀물** 달걀 2개, 다시 400cc, 미림 10cc, 소금 약간, 연간장 15cc

만드는 법

1 새우는 등 쪽의 내장을 제거한 후 껍질, 머리, 꼬리를 벗겨 끓는 물에 살
짝 데친다.

2 닭다리살은 한입 크기로 썬 후 끓는 물에 살짝 데친다.

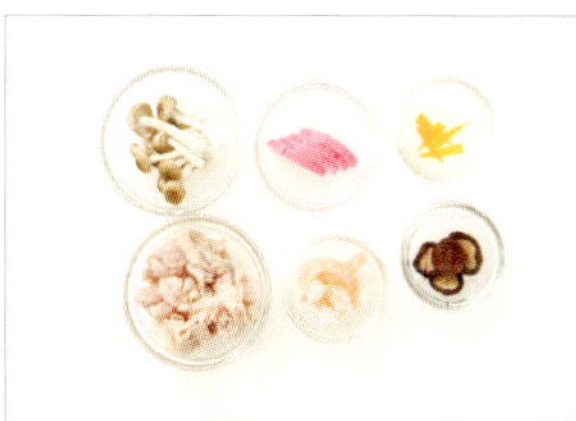

3 건표고버섯은 미지근한 물에 담가 불린다. 크기가 큰 것은 한입 크기로
썬다.

4 만가닥버섯은 적당한 크기로 찢는다.

5 가마보코는 5mm 두께로 썬다.

6 유자는 껍질 안쪽에 붙은 흰 부분을 제거한 후 껍질을 삼각형 모양으
로 썬다.

7 손질한 새우와 닭다리살은 약간의 연간장(분량 외)과 버무려 간한다.

8 분량의 달걀물 재료를 모두 섞은 후 체에 거른다.

9 그릇에 **3, 4, 5, 7**의 재료를 1인분씩 담고 달걀물을 붓는다. 표면에 생긴
거품은 조리용 토치를 이용해 제거한다.

10 김이 오른 찜통에 넣고 센 불에서 5분간 찐다. 표면이 하얗게 변하면 불
을 줄여 10분간 더 찐다.

11 대나무꼬치로 찔러 보았을 때 맑은 국물이 나오면 위에 유자 껍질을 올
려 완성한다.

 *Cooking tip*

• 재료는 4인분이지만 1인분씩 그릇에 담도록 한다.
• 달걀 : 다시 = 1:4의 비율이 달걀찜(자완무시)의 기본이다.
  너무 오래 찌면 구멍이 생기므로 주의한다.

小田巻蒸し

우동 달걀찜

작은 새우 4마리, 닭다리살 50g, 건표고버섯(작은 것) 4개, 은행 4개, 가마보코 1/3장,
참나물 4줄기, 냉동 우동면 100g, 유자 1/4개

- **달걀물** 달걀 5개, 다시 1200cc, 청주 15cc, 소금 7g, 연간장 15cc

만드는 법

1 새우는 등 쪽의 내장을 제거한 후 껍질, 머리, 꼬리를 벗겨 끓는 물에 살짝 데친다.

2 닭다리살은 한입 크기로 썬 후 끓는 물에 살짝 데친다.

3 건표고버섯은 미지근한 물에 담가 불린다. 크기가 큰 것은 한입 크기로 썬다.

4 껍질을 벗긴 은행은 물에 삶은 후 속껍질을 제거한다.

5 가마보코는 5mm 두께로 썬다.

6 참나물은 줄기만 남도록 손질한 후 2cm 길이로 자른다.

7 우동면은 데친 후 약간의 연간장(분량 외)으로 밑간한다. 면은 4등분한다.

8 손질한 새우와 닭다리살은 약간의 연간장(분량 외)과 버무려 간한다.

9 유자는 껍질 안쪽에 붙은 흰 부분을 제거한 후 껍질을 삼각형 모양으로 썬다.

10 분량의 달걀물 재료를 모두 섞은 후 체에 거른다.

11 그릇에 **3, 4, 5, 6, 7, 8**의 재료를 1인분씩 담고 달걀물을 붓는다. 표면에 생긴 거품은 조리용 토치를 이용해 제거한다.

12 김이 오른 찜통에 넣고 센 불에서 5분간 찐다. 표면이 하얗게 변하면 불을 줄여 10분간 더 찐다.

13 대나무꼬치로 찔러 보았을 때 맑은 국물이 나오면 위에 유자 껍질을 올려 완성한다.

蛤の酒蒸し

대합 술찜

재료(4인분)

대합 12개, 대파 1대, 쪽파 1대

• **조미료** 청주 300cc, 다시 100cc, 연간장 약간, 흑후춧가루 약간, 버터 15g

만드는 법

1 대합은 깨끗이 씻어 준비한다. 이때, 신선하지 않은 대합은 골라낸다.

2 대파는 길이로 길게 잘라서 가운데 심을 제거한 후 1×3cm 크기로 썬다.

3 쪽파는 비스듬히 놓고 대나뭇잎 모양으로 어슷썬다.

4 냄비에 대합과 청주를 넣고 끓인다. 끓기 시작하면 거품을 제거한다.

5 대합 껍데기가 벌어지면 대합은 건져내고 국물을 거른다.

6 **5**의 국물에 다시와 연간장을 넣고 간한다.

7 **6**의 국물에 **2**의 대파와 건져낸 **5**의 대합을 넣고 한 번 더 끓인다.

8 대파가 익으면 쪽파와 버터, 흑후춧가루를 넣는다.

 *Cooking tip*

• 대합끼리 부딪쳤을 때 둔탁한 소리가 나는 것은 신선하지 않은 것이다.
• 대합을 넣고 찌기만 하는 심플한 요리이다. 재료의 신선도에 따라 완성 상태가 달라진다.

伊勢海老の酒蒸し

이세에비 술찜

재료(4인분)

이세에비 2마리, 성게알 90g, 청경채 2포기, 대파 1대, 다시 200cc, 미림 30cc,
연간장 30cc

● **조미료** 청주 50cc, 소금 약간

만드는 법

1 이세에비는 등 쪽이 도마에 닿도록 올린 후 머리에서부터 길이로 2등분
   한다.

2 끓는 물에 이세에비를 겉면만 가볍게 데친 후 얼음물에 담가 식힌다.

3 데친 이세에비는 껍데기와 살을 분리한 후 껍데기만 찜통에 넣고 완전
   히 익힌다.

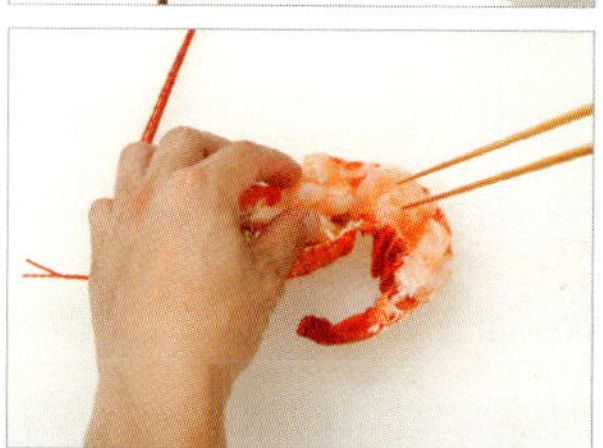

4 청경채는 길이로 4등분한 후 살짝 데친다.

5 대파는 길이로 얇게 채 썬다.

6 데친 **3**의 이세에비살을 3등분한 후 쪄놓은 껍데기 위에 올린다.

7 그 위에 청주와 소금을 뿌린 후 김이 오른 찜통에서 10분간 찐다.

8 그 위에 성게알을 올리고 다시 김이 오른 찜통에서 3분간 더 찐다.

9 냄비에 다시와 연간장, 미림, 이세에비를 쪄낸 국물을 섞은 후 살짝 끓
   인다.

10 완성된 **8**의 이세에비 찜 위에 **9**를 끼얹고 그릇에 담는다. 청경채와 대
   파로 장식한다.

鯛の骨蒸し

도미뼈찜

재료(4인분)

도미머리 1마리 분량, 땅두릅 40g, 표고버섯(작은 것) 4개, 산초잎 12장, 다시마 1장

- **조미료** 청주 100cc, 소금 약간, 다시 200cc, 연간장 약간

만드는 법

1 도미머리는 2등분한 후 눈·입·가슴지느러미살 부분으로 나눠 깨끗이 씻는다.

2 **1**의 도미머리에 80℃의 뜨거운 물을 부어 남은 비늘과 피 등을 깨끗하게 제거한 후 찬물에 담근다.

3 땅두릅은 돌려깎아 껍질을 벗긴 후 5mm 두께로 채 썰어 끓는 물에 데친다.

4 표고버섯의 표면에 별 모양의 칼집을 넣는다.

5 넓은 용기에 다시마를 깔고 그 위에 손질한 **2**의 도미머리와 **3**의 땅두릅을 얹는다. 청주와 소금을 뿌려 김이 오른 찜통에서 15분간 찐다.

6 다시에 **5**의 쪄낸 국물을 섞은 후 연간장으로 간한다. 표고버섯을 넣고 한 번 끓인다.

7 그릇에 **5**를 담고 **6**의 국물을 끼얹은 후 산초잎으로 장식한다.

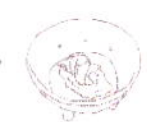 *Cooking tip*

- 신선한 뼈를 사용하지 않으면 비린내가 나므로 주의한다.

かわはぎのちり蒸し

폰즈 쥐치 술찜

재료(4인분)

쥐치 2마리, 표고버섯(작은 것) 4개, 대파 1대, 쑥갓 1다발, 두부 1/2모, 산파 4대,
무 약간, 말린 홍고추 약간

- **조미료** 다시마 1장, 청주 150cc, 소금 약간, 폰즈 200cc

만드는 법

1 쥐치는 머리에 붙은 뾰족한 부분과 입을 제거한 후, 칼로 쥐치의 입 부분을 누르고 왼손으로는 입 쪽의 껍질을 잡아 꼬리 쪽으로 당겨 벗긴다. 쥐치를 뒤집어 반대쪽도 동일하게 껍질을 벗긴다.

2 쥐치의 등을 몸 쪽으로 향하게 다음 머리에 칼집을 넣는다. 다시 쥐치의 배 쪽을 몸 쪽으로 돌린 후 칼로 머리를 고정하고 몸통 부분을 앞으로 당겨 내장과 함께 머리를 몸통에서 분리한다.

3 깨끗이 씻어 3장뜨기한 다음 가운데 가시를 제거하고 한입 크기로 썬다.

4 3의 손질한 쥐치살에 80℃의 뜨거운 물을 부어 남은 비늘과 피 등을 깨끗하게 제거한 후 찬물에 담근다.

5 표고버섯의 표면에 별 모양의 칼집을 넣는다.

6 대파는 1cm 두께로 어슷썬다.

7 쑥갓은 잎 부분만 남도록 손질한 후 끓는 물에 데친다.

8 두부는 4등분으로 썰고 산파는 잘게 썬다.

9 넓은 용기에 다시마를 깔고 그 위에 손질한 4의 쥐치머리와 표고버섯, 대파, 두부를 얹는다. 청주와 소금을 뿌려 김이 오른 찜통에서 15분간 찐다.

10 7의 쑥갓은 찜통에 넣어 데운다.

11 말린 홍고추를 부드럽게 삶아, 무에 끼워넣어 강판에 곱게 간다.

12 9와 데운 쑥갓을 그릇에 담고 위에 다진 산파와 간 무를 얹는다.

13 폰즈와 곁들여 먹는다.

甘鯛の信州蒸し

옥돔 소바찜

옥돔 1마리, 일본 소바면 32g, 대파 1대, 와사비 약간, 김 약간

- **조미료** 청주 50cc, 소금 약간, 다시마 1장, 다시 150cc, 미림 30cc,
  진간장 30cc, 물전분 15cc

만드는 법

1 옥돔은 3장뜨기를 한다. 적당한 크기로 자른 다음, 살 가운데에서 양
  옆으로 포를 떠서 넓게 펼친다.

2 넓은 용기에 손질한 옥돔살을 올린 후 약간의 소금을 뿌린다.

3 일본 소바면은 4등분한 후 끝 부분을 고무줄로 묶어 끓는 물에 삶는다.

4 대파는 곱게 채 썬다.

5 손질한 **2**의 옥돔살 위에 삶은 **3**의 소바면을 접어 올린 후 고무줄로 묶
  은 부분을 잘라낸다.

6 옥돔살로 소바를 돌돌 말아준다.

7 넓은 용기에 다시마를 깔고 그 위에 **6**의 옥돔을 얹는다. 청주와 소금을
  뿌려 김이 오른 찜통에서 13분간 찐다.

8 냄비에 다시와 진간장, 미림, **7**을 쪄낸 국물을 끓인 후 물전분을 넣어 농
  도를 조절한다.

9 그릇에 **7**을 담고 **8**을 끼얹은 후 위에 와사비와 김, 채 썬 파를 얹는다.

 *Cooking tip*

- 신슈(信州)는 옛날부터 소바의 생산지로 유명했다. 이것이 유래가 되어 소바를
  사용한 요리에는 '신슈'라는 이름이 붙는다.

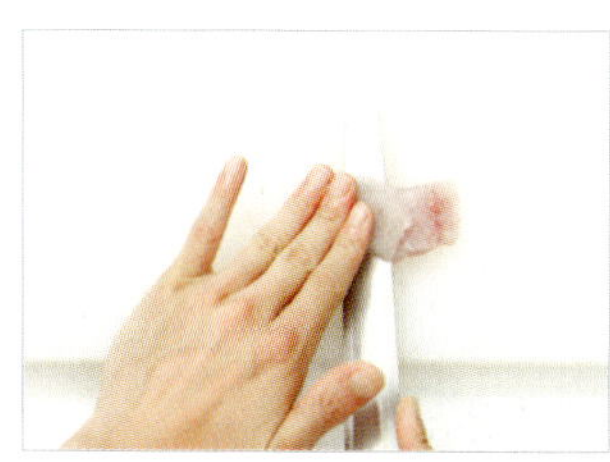

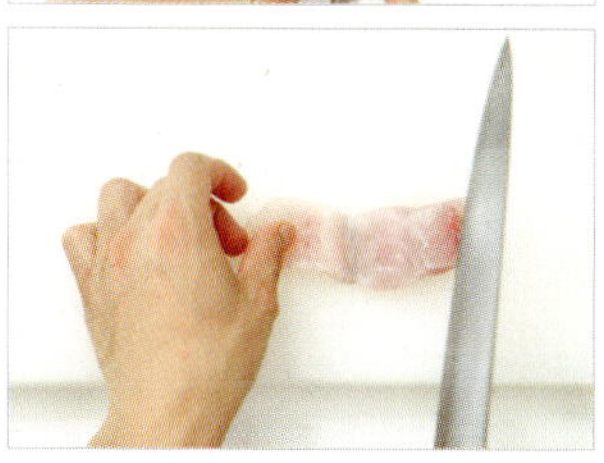

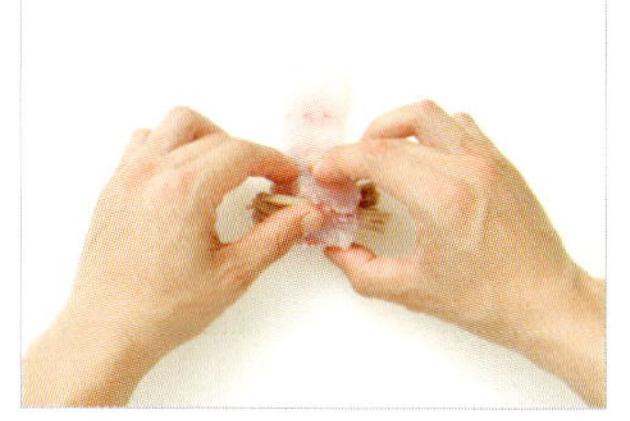

クエの養老蒸し

참마 다금바리찜

재료(4인분)

다금바리살 120g, 참마 100g, 달걀흰자 1개 분량, 와사비 약간

- **조미료** 청주 50cc, 소금 약간, 다시마 1장, 다시 150cc, 미림 25cc, 연간장 25cc

만드는 법

1 손질한 다금바리살에 약간의 소금을 뿌린다.

2 껍질을 벗긴 참마는 절구에 간다. 달걀흰자를 섞은 후 한 번 더 곱게 간 다음 소금, 연간장(분량 외)으로 간한다.

3 넓은 용기에 다시마를 깔고 손질한 **1**의 다금바리를 얹는다. 청주와 소금을 뿌려 김이 오른 찜통에서 10분간 찐다.

4 냄비에 다시와 연간장, 미림, **3**의 쪄낸 국물을 붓고 끓인다.

5 **3**의 위에 **2**를 얹고 다시 5분간 찐다.

6 그릇에 담은 후 다금바리 주위에 **4**를 붓고 그 위에 와사비를 얹는다.

 *Cooking tip*

- 요우로(養老) : 참마를 사용한 요리에 붙이는 이름이다.
- 수분이 많은 장마보다는 참마를 사용하는 것이 좋다.

鱸のみぞれ蒸し

농어 무찜

농어살 160g, 표고버섯(작은 것) 4개, 무 120g, 시금치 4줄기, 산초꽃 약간

• **조미료** 청주 50cc, 소금 약간, 다시마 1장, 다시 130cc, 미림 25cc, 연간장 25cc

만드는 법

1 손질한 농어살에 약간의 소금을 뿌린다.

2 표고버섯의 표면에 별 모양의 칼집을 넣는다.

3 무는 껍질을 벗긴 후 강판에 곱게 간다. 간 무를 김발에 밭쳐 수분을 제거한다.

4 시금치는 끓는 물에 데친 후 얼음물에 담근다. 김발에 싸서 물기를 제거한 후 4cm 길이로 썬다.

5 넓은 용기에 다시마를 깔고 손질한 **1**의 농어살과 표고버섯을 얹는다. 청주와 소금을 뿌려 김이 오른 찜통에서 15분간 찐다.

6 냄비에 다시와 연간장, 미림, **5**를 쪄낸 국물을 넣고 끓인다. 끓기 시작하면 **3**의 간 무를 넣고 한 번 더 살짝 끓인다.

7 그릇에 **5**와 **4**를 순서대로 담고 **6**을 끼얹는다. 산초꽃을 올려 완성한다.

 *Cooking tip*

• **미조레(みぞれ)** : 간 무를 사용한 요리를 뜻하는 말이다. 간 무가 마치 진눈깨비(みぞれ)가 내린 형상과 같다 하여 붙은 이름이다.

鰭の蕪蒸し

순무 삼치찜

재료(4인분)

삼치살 120g, 순무 2개, 백합근 1/4개, 목이버섯 1개, 당근 1/4개, 참나물 1/4다발,
달걀흰자 1개 분량, 성게알 40g, 와사비 약간

- **조미료** 청주 50cc, 소금 약간, 다시마 1장
- **깅앙 銀あん** 다시 400cc, 미림 15cc, 소금 2.5g, 연간장 15cc, 물전분 약간

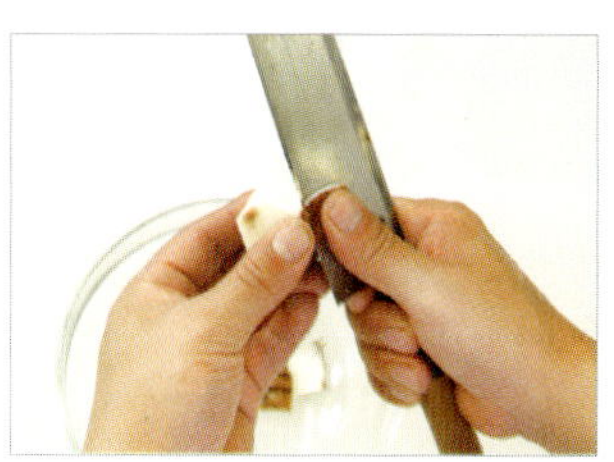

만드는 법

1 손질한 삼치살에 약간의 소금을 뿌린다.

2 순무는 위아래를 잘라낸 후 섬유질이 남지 않을 정도로 두껍게 껍질을
벗긴다.

3 껍질 벗긴 **2**의 순무를 강판에 간 후 김발에 밭쳐 수분을 제거한다.

4 백합근은 한 장씩 떼어낸 후 끓는 물에 소금을 넣고 데친다.

5 목이버섯은 미지근한 물에 불린 후 3cm 길이로 곱게 채 썬다. 채 썬 목
이버섯은 끓는 물에 소금을 넣고 살짝 데친다.

6 당근은 3cm 길이로 얇게 채 썬 후 끓는 물에 소금을 넣고 데친다.

7 참나물은 줄기만 남도록 손질한 후 1.5cm 길이로 썬다.

8 **3**의 순무에 거품을 낸 흰자와 손질한 백합근, 목이버섯, 당근, 참나물
을 넣고 소금과 연간장으로 간한다.

9 넓은 용기에 다시마를 깔고 손질한 **1**의 삼치살을 얹고 청주와 소금을
뿌려 김이 오른 찜통에서 7분간 찐다.

10 냄비에 물전분을 제외한 분량의 깅앙 재료와 쪄낸 **9**의 국물을 끓인 후
물전분을 섞어 농도를 조절한다.

11 **9**의 위에 **8**을 얹고 다시 8분간 찐다.

12 그릇에 **11**을 담고 그 위에 성게알을 얹는다. 그 위에 **10**을 끼얹은 후 와
사비로 장식한다.

 *Cooking tip*

- **깅앙(銀あん)** : 스이지보다 간을 진하게 한 다시에 물에 푼 칡 전분을 넣어 걸쭉하게 만든 것을 말한다.

酢 の 物 ・ 和 え 物

초절임 · 무침

초절임과 무침은 매우 닮은 조리법으로 제철의 어패류나 채소, 과일, 해초 등을 밑준비해 조미식초나 양념으로 무친 요리이다. 구이나 조림처럼 주요리는 아니지만 식단을 짤 때 맛의 변화를 줄 수 있다.

1) 초절임 (스노모노 : 酢の物)

초절임은 재료에 조미식초를 넣어 식초의 맛을 살린 조리법이다. 깔끔한 신맛과 시원한 맛이 특징이다.

계절감 있는 재료를 다양하게 사용하는데 신맛이 식욕을 돋워 입안을 산뜻하게 해준다. 식단의 구성에 맞는 재료를 선택하는 것이 좋다.

2) 무침 (아에모노 : 和え物)

손질한 재료에 양념을 넣어 버무린 것이다. 재료가 가진 맛이나 식감, 색을 고려해 선택하면 맛있는 무침을 만들 수 있다.

히타시모노(浸し物)는 무침의 한 종류로 녹황색 채소를 사용한 것이다. 식감을 살리고 색을 선명하게 하기 위해 재료를 끓는 물에 살짝 데친 후 조미액에 담가 맛이 배도록 하면 된다.

蛸の酢の物

문어 스노모노

재료(4인분)

문어다리 1개, 오이 2개, 미역 100g, 생강 15g, 소금 약간
• **조미료** 다시 100cc, 설탕 15cc, 연간장 15cc, 진간장 15cc, 식초 100cc

만드는 법

1 손질한 문어다리에 소금을 뿌린 후 손으로 문질러 점액을 제거한다.

2 끓는 물에 **1**의 문어를 넣고 7~8분간 삶아 익힌다. 소쿠리에 건져 식힌 후 한입 크기로 썬다.

3 오이는 껍질에 소금을 묻힌 후 도마 위에서 굴리면서 문지른다.

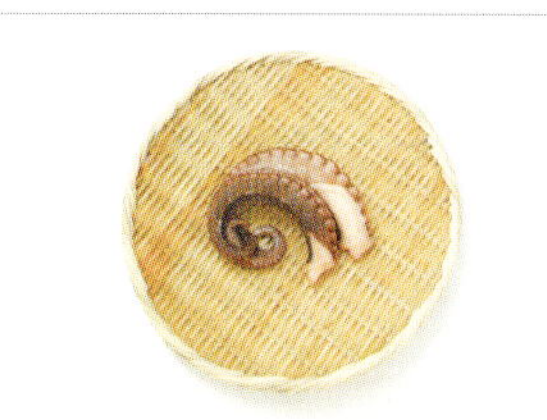

4 오이를 끓는 물에 살짝 데친 후 길이로 2등분한다. 숟가락으로 가운데를 긁어 씨를 제거한 후 얇게 어슷썬다.

5 물에 약간의 소금을 섞은 후 **4**의 오이를 넣고 가볍게 주물러 숨을 죽인다. 숨이 죽으면 물에 씻은 후 소쿠리에 건져둔다.

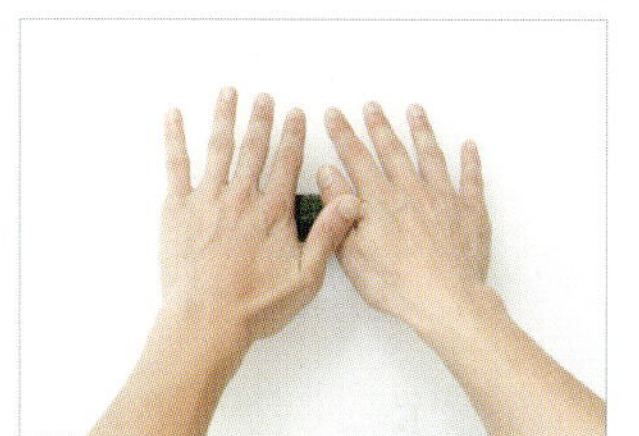

6 미역은 줄기부분을 잘라낸 후 3cm 길이로 썰어 끓는 물에 살짝 데친다.

7 생강은 강판에 곱게 갈고 남은 섬유질은 칼로 두드려 부드럽게 한다.

8 냄비에 분량의 다시와 설탕, 연간장, 진간장을 넣고 끓인다. 끓기 직전에 식초를 넣고 한 번 끓어오르면 불에서 내려 식힌다.

9 손질한 문어와 오이, 미역은 물기를 제거한 후 볼에 담는다.

10 **9**의 볼에 **8**을 절반 정도 넣은 후 맛이 배도록 잠시 둔다.

11 **10**의 재료들의 물기를 가볍게 짠 다음 볼에 옮겨 담는다. 남은 **8**을 모두 넣고 골고루 무친다.

12 그릇에 담고 위에 **7**의 생강을 올려 장식한다.

Cooking tip

• **삼배초(三杯酢)** : 혼합식초 중 하나로 식초에 설탕, 간장을 섞은 것을 말한다.
• 삼배초로 만드는 기본적인 초절임으로 재료를 달리해 다양한 요리를 만들 수 있다.

うざく

우자쿠

재료(4인분)

장어양념구이 1마리, 오이 2개, 생강 15g, 래디시 1개, 소금 약간

- **도사즈 土佐酢** 다시 150cc, 설탕 7cc, 미림 20cc, 연간장 20cc, 식초 20cc,
  가다랑어포 30g
- **오이 담금지** 물 500cc, 청주 50cc, 소금 15g, 다시마 1/2장

만드는 법

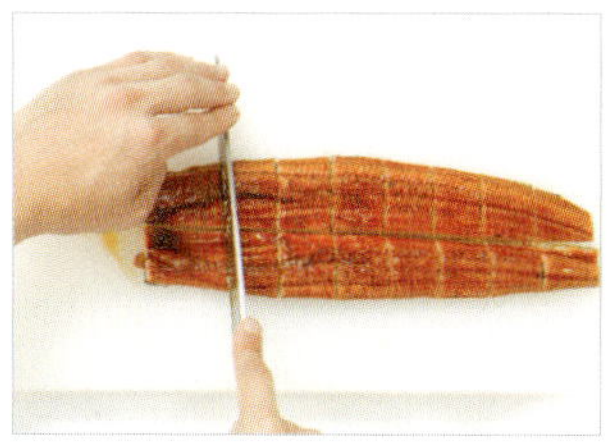

1 장어양념구이는 구운 후 한입 크기로 썬다.

2 오이는 껍질에 소금을 묻혀 도마 위에서 굴리면서 문지른 후 끓는 물에 살짝 데친다.

3 데친 오이를 도마 위에 수평으로 올린다. 칼을 45℃ 각도로 해서 오이 위에 올린 후 사선으로 칼집을 넣는다. 이때, 오이의 2/3정도 깊이까지 1mm 간격으로 칼집을 깊게 넣는다.

4 전체에 칼집을 넣은 후 반대로 뒤집어 같은 방법으로 칼집을 넣는다.

5 분량의 오이 담금지 재료를 모두 섞은 후 **4**를 담가 1시간 둔다.

6 생강은 강판에 곱게 갈고 남은 섬유질은 칼로 두드려 부드럽게 한다.

7 래디시는 모양을 살려 얇게 썬 후 물에 담가둔다.

8 냄비에 분량의 다시, 설탕, 미림, 연간장을 넣어 끓인다. 끓어오르기 직전에 식초를 넣고 한 번 끓인 후 가다랑어포를 넣는다. 충분히 식힌 후 체에 걸러 도사즈를 만든다.

9 **5**의 오이를 2cm 길이로 썬다.

10 그릇에 장어와 썬 오이를 담은 후 **8**의 도사즈를 끼얹는다. 그 위에 손질한 생강과 래디시를 올려 완성한다.

 *Cooking tip*

- **자바라(蛇腹)** : 과정 3~4를 말한다.
- **도사즈(土佐酢)** : 혼합식초 중 하나이다. 식초, 설탕, 간장을 섞은 후 끓기 직전에 가다랑어포를 넣고 거른 것을 말한다.

さよりの紅白なます

학꽁치 홍백 초절임

재료(4인분)

학꽁치 1마리, 무 100g, 당근 50g, 노란 유자 1/6개, 깨 15cc, 연어알 20g, 소금 약간
- **아마즈 甘酢** 물 600cc, 설탕 80g, 식초 150cc, 다시마 1장, 말린 홍고추 1개

만드는 법

1 학꽁치는 3장뜨기한 후 소금물에 15분간 담가둔다. 껍질을 벗긴 후 한 입 크기로 얇게 썬다.

2 무와 당근은 껍질을 벗긴 후 1×5cm 크기로 얇게 썬다. 소금을 뿌려 숨을 죽인다.

3 노란 유자는 껍질만 잘라낸 후 껍질 속의 흰부분을 완전히 제거하고 곱게 채 썬다.

4 아마즈를 만든다. 냄비에 물과 설탕을 넣고 끓기 직전에 식초를 넣어 끓인 후 불에서 내린다. 거기에 다시마와 씨를 제거한 말린 홍고추를 넣고 하룻밤 둔다.

5 손질한 무와 당근은 물에 씻은 후 물기를 제거한다.

6 5를 볼에 담고 아마즈 절반의 양을 부어 2시간 둔다.

7 6의 재료들의 물기를 가볍게 짠 다음 볼에 담고 남은 아마즈, 손질한 학꽁치, 유자 껍질, 깨와 한 번 더 섞는다.

8 그릇에 담고 연어알을 올려 완성한다.

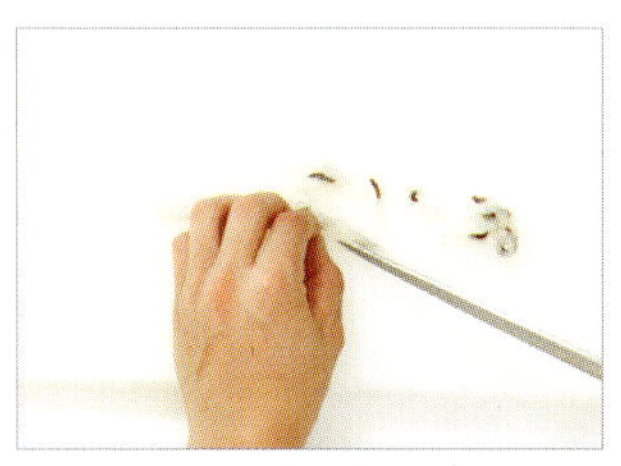

 *Cooking tip*

- **아마즈(甘酢)** : 기본은 식초와 설탕을 섞어서 만든다. 채소 등을 담가 맛을 들인 후 구이의 곁들임이나 초절임으로 사용하는 경우가 많다.

鯵の南蛮漬け

튀긴 전갱이 초절임

재료(4인분)

전갱이(소) 8마리, 밀가루 약간, 양파 1/2개, 당근 1/4개, 산초 꽃 약간

• **조미료** 다시 350cc, 미림 50cc, 연간장 50cc, 식초 50cc

만드는 법

1 새끼 전갱이는 칼로 아가미를 제거한다.

2 양파와 당근은 껍질을 벗긴 후 곱게 채 썬다.

3 **1**의 전갱이에 밀가루를 묻힌 후 170℃ 기름에서 노릇하게 튀긴다.

4 냄비에 분량의 조미료를 모두 넣고 끓인다.

5 깊은 그릇에 전갱이와 손질한 양파, 당근을 담고 뜨거운 상태의 **5**를 부어 맛이 스며들도록 한다.

6 그릇에 전갱이와 양파, 당근, 국물을 담고 위에 산초 꽃을 올려 완성한다.

 *Cooking tip*

• **난반즈케(南蛮漬け)** : 재료를 기름에 튀기거나 파·고추를 사용한 요리에 난반(南蛮)이라는 이름이 붙는다. 재료를 절임국물에 넣어 맛을 들인 요리를 난반즈케라고 한다.

ほうれん草ともやしの胡麻和え

시금치와 숙주나물 깨무침

재료(4인분)

시금치 250g, 숙주나물 150g, 볶은 참깨 75cc, 다시 30cc, 설탕 10cc, 진간장 30cc

만드는 법

1 시금치는 깨끗이 다듬은 후 줄기의 끝을 고무줄로 묶는다.

2 1을 끓는 물에 데친 후 찬물에 담가 식힌다. 묶었던 고무줄과 수분을 제거하고 적당한 크기로 썬다.

3 숙주나물은 끓는 물에 데친 후 소쿠리에 펼쳐 식힌다.

4 절구에 깨를 넣고 5분간 곱게 간 후 다시, 설탕, 진간장을 섞는다.

5 4의 절구에 손질한 시금치와 숙주나물을 넣고 고루 무친 후 그릇에 담는다.

Cooking tip

• 시금치, 숙주나물뿐만 아니라 다양한 재료를 사용할 수 있다.

柿の白和え

단감 두부 깨무침

재료(4인분)

재료(4인분)

단감 1개, 새우 4개, 가리비 2개, 톳(건조시킨 것) 20g, 참나물 1/4다발, 소금 약간

- **두부 깨무침** 두부 1모, 다시 20cc, 설탕 30cc, 연간장 15cc, 깨페이스트 20cc
- **조림국물** 다시 100cc, 술 30cc, 미림 15cc, 설탕 15cc, 진간장 20cc

만드는 법

1 단감은 껍질과 씨를 제거한 후 1×1cm 크기의 주사위 모양으로 썬다.

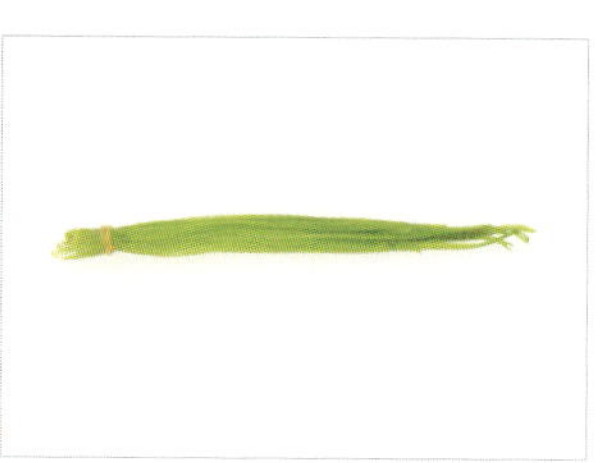

2 새우는 끓는 물에 소금을 넣고 살짝 데친 후 1cm 크기로 썬다.

3 가리비는 끓는 물에 소금을 넣고 데친 후 6등분한다.

4 톳은 미지근한 물에 불린 후 물기를 제거한다. 냄비에 분량의 소림국물 재료를 넣고 조림국물이 끓어오르면 톳을 넣어 국물이 없어질 때까지 조린다.

5 참나물은 줄기만 남도록 손질한 후 데쳐서 2cm 길이로 썬다.

6 두부는 키친타월로 감싼 후 위에 무거운 것을 올려 수분을 제거한다.

7 끓는 물에 **6**의 두부를 넣어 데친 후 소쿠리에 올려 식힌다.

8 절구에 **7**의 두부를 넣고 곱게 간다. 어느 정도 갈아졌으면 분량의 두부 깨무침 재료를 모두 넣고 잘 섞는다.

9 볼에 **8**과 손질한 단감, 새우, 가리비, 톳을 넣고 고루 무친다.

10 그릇에 담은 후 손질한 참나물을 올려 완성한다.

赤貝の鉄砲和え

피조개 된장무침

재료(4인분)

피조개 2개, 쪽파 2대, 래디시 1개, 소금 약간

- **다마미소 玉味噌** 백된장 400g, 설탕 150g, 미림 200cc, 달걀노른자 5개 분량
- **겨자식초된장** 다마미소 80g, 식초 약간, 겨자 약간

만드는 법

1 피조개는 껍데기를 벌린 후 살을 분리한다.

2 살을 반으로 잘라 내장을 제거한 후 양 끝에 칼집을 넣는다. 식초(분량 외)에 씻는다.

3 쪽파는 끓는 물에 데친 후 소쿠리에 건져 소금을 뿌려 식힌다. 3cm 길이로 썬다.

4 래디시는 얇게 채 썬다.

5 냄비에 분량의 다마미소 재료를 모두 넣고 불 위에 올려 되직한 농도가 될 때까지 계속 저으며 갠다.

6 **5**의 다마미소 80g을 덜어 식초와 겨자를 넣고 섞는다.

7 손질한 피조개와 쪽파를 볼에 담고 **6**을 넣어 골고루 무친다.

8 그릇에 **7**을 담고 그 위에 채 썬 래디시를 올려 완성한다.

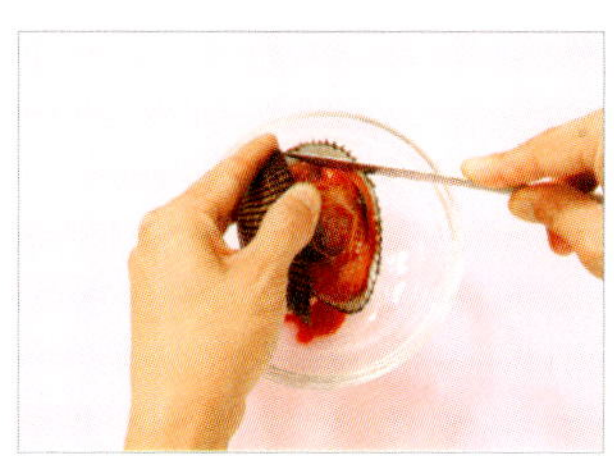

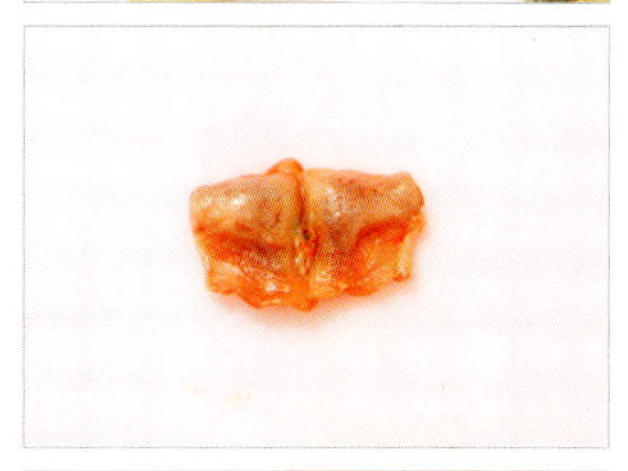

Cooking tip

- **덧포아에(鉄砲和え)** : 파를 겨자식초된장으로 무친 것을 말한다.

菊菜の身浸し

쑥갓 흰살생선무침

재료(4인분)

쑥갓 1/2묶음, 도미살 100g, 유부 1장, 시치미 약간, 소금 약간

- **조미료** 다시 600cc, 미림 50cc, 연간장 50cc

만드는 법

1 쑥갓은 깨끗이 다듬어 끓는 물에 데친 후 찬물에 담가 식혀 물기를 제거한다. 3cm 길이로 썬다.

2 도미살에 약간의 소금을 뿌린 후 굽는다. 구운 도미살을 젓가락을 이용해 살을 발라준다.

3 유부는 옆으로 반을 자른 후 곱게 채 썬다. 끓는 물에 데쳐 기름기를 제거한다.

4 냄비에 분량의 조미료를 모두 넣고 끓인다. **3**의 유부를 넣고 한 번 더 끓인 후 식힌다.

5 손질한 **1**의 쑥갓에 **4**의 국물 절반을 붓고 맛이 배도록 잠시 둔다.

6 **5**의 물기를 제거한 후 볼에 옮겨 담고 **2**의 도미살과 절반 남은 **4**를 넣어 함께 무친다.

7 그릇에 담은 후 시치미를 뿌려 완성한다.

 *Cooking tip*

- **미히타시(身浸し)** : 미히타시에서 미(身)는 흰살 생선을 일컫는 말이다. 도미살뿐만 아니라 다른 흰살 생선도 사용할 수 있다.

芹ときのこの浸し

미나리와 버섯무침

재료(4인분)

미나리 1묶음, 표고버섯 2장, 팽이버섯 75g, 만가닥버섯 75g, 새송이버섯 1개,
가다랑어포 약간

* **조미료** 다시 600cc, 미림 50cc, 연간장 50cc

만드는 법

1 미나리는 끓는 물에 데친 후 얼음물에 담근다. 물기를 제거한 후 3cm 길이
로 썬다.

2 표고버섯은 얇게 채 썬다.

3 팽이버섯은 흙을 제서한 후 3cm 길이로 썬다.

4 만가닥버섯은 흙을 제거한 후 뭉쳐 있는 부분을 한입 크기로 뜯는다.

5 새송이버섯은 2등분한 후 얇게 썬다.

6 냄비에 분량의 조미료와 손질한 버섯을 모두 넣어 살짝 익힌다.

7 **1**의 미나리에 끓인 **6**의 국물을 약간 부어 맛이 스며들도록 한다.

8 미나리의 물기를 제거한 후 볼에 옮겨 담고 남은 **6**과 함께 고루 무친다.

9 그릇에 담고 위에 가다랑어포를 올려 완성한다.

水菜とささ身の辛子浸し

경수채와 닭안심 겨자무침

재료(4인분)

경수채 1/4묶음, 닭안심 100g, 찹쌀튀김 약간, 유자 약간, 소금 약간, 청주 약간, 다시마 약간

* **조미료** 다시 600cc, 미림 50cc, 연간장 50cc, 겨자 약간

만드는 법

1 경수채는 끓는 물에 데친 후 얼음물에 담근다. 수분을 제거한 후 3cm 길이로 썬다.

2 닭안심은 힘줄을 제거한 후 끓는 물에 데친다. 얼음물에 소금, 청주, 다시마, 데친 닭안심을 넣어 식힌다.

3 **2**의 닭안심을 건져 수분을 제거한 후 잘게 찢는다.

4 냄비에 분량의 다시·미림·연간장을 넣고 끓인 후 식힌다.

5 **1**의 경수채에 **4**의 국물 절반을 넣고 맛이 스며들도록 잠시 둔다.

6 경수채의 수분을 제거한다.

7 남의 **4**의 국물에 겨자를 넣고 고루 풀어준 다음 **3**의 닭안심과 **6**의 경수채를 넣고 무친다.

8 그릇에 담고 찹쌀튀김과 강판에 간 유자껍질을 뿌려 완성한다.

蟹の黄身酢掛け

꽃게 달걀식초 무침

재료(4인분)

꽃게 1마리, 오이 20g, 미역 20g, 소금 약간

- **기미즈** 黃身酢 달걀노른자 2개 분량, 다시 30cc, 설탕 10g, 연간장 5cc, 식초 10cc,
  가다랑어포 약간

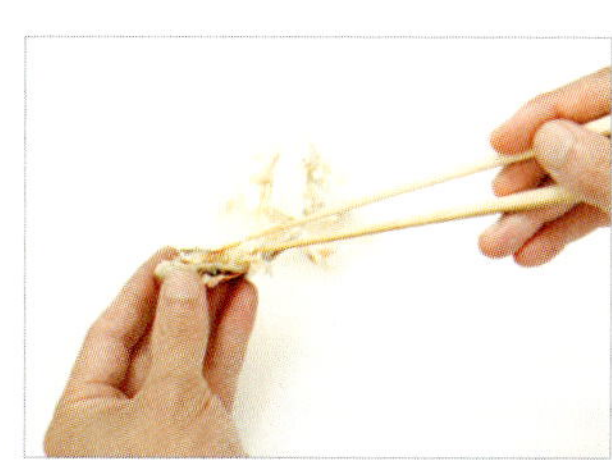

만드는 법

1 꽃게는 통째로 찐 다음 살을 발라둔다.

2 오이는 길이로 2등분한 후 가운데를 숟가락으로 긁어 씨를 제거해 얇
  게 어슷썬다.

3 물에 약간의 소금을 섞은 후 **2**의 오이를 넣고 가볍게 주무른 후 숨이
  죽으면 물에 씻어 물기를 제거한다.

4 미역은 물에 불린 후 3cm 길이로 썬다.

5 냄비에 가다랑어포를 제외한 분량의 기미즈 재료를 모두 넣고 약불에
  저어가며 끓인다.

6 농도가 진해지면 가다랑어포를 넣고 거즈에 거른다.

7 손질한 재료를 그릇에 담고 **6**의 기미즈를 붓는다.

 *Cooking tip*

- **기미즈(黃身酢)** : 달걀노른자에 식초나 단맛을 첨가·가열하여 만든 것이다. 게, 새우
  등 갑각류와 잘 어울리는 혼합식초이다.

ごはん

밥

밥에는 다키코미고항(炊き込み御飯), 마제고항(混ぜ御飯), 오카유(御粥), 조스이
(雑炊) 등 여러 가지 종류가 있다. 이들은 모두 쌀과 물만으로 지은 흰 쌀밥을 기
본으로 하되, 쌀 씻는 법, 물 조절, 불 조절, 뜸 들이는 시간 등을 조금씩 달리하여
다양한 맛을 낸 요리이다.
가이세키요리(会席料理)에서는 요리의 마지막에 밥이 제공된다. 이때 밥은 된장국,
절임 채소와 함께 제공하거나 죽, 오차즈케, 덮밥 형식으로 내기도 한다.
찹쌀을 이용한 찐 요리 또한 식사가 아닌 하나의 요리로 제공할 수 있다.

재료(4인분) 쌀 400cc, 물 600cc

만드는 법

1 쌀을 씻는다. 쌀에 물을 부어 가볍게 저은 후 물을 버린다. 손바닥으로 가볍게 눌러 씻은 후 물을 다시 가득 붓는 과정을 3~4회 반복한다(물의 탁한 색이 엷어질 때까지). 소쿠리에 씻은 쌀을 건진 후 30분간 그대로 두어 수분을 흡수시킨다.

2 밥을 짓는다. 솥에 씻은 쌀과 분량의 물을 넣고 끓인다. 처음에는 센 불로 끓이다가 끓어오르면 불을 약하게 줄여서 넘치지 않을 정도로 불의 세기를 유지해가며 10분간 끓인다. 솥 안에 수분이 없어지면 10초간 센 불로 끓인 후 불에서 내린다. 10~15분간 뜸을 들인다. 이때, 솥뚜껑은 열지 않는다.

흰밥

白ごはん

완두콩밥

재료(4인분)

쌀 400cc, 완두콩 300g, 검은깨 약간 • **조미료** 물 600cc, 청주 30cc, 소금 약간

만드는 법

1 쌀을 씻는다. 쌀에 물을 부어 가볍게 저은 후 물을 버린다. 손바닥으로 가볍게 눌러 씻은 후 물을 다시 가득 붓는 과정을 3~4회 반복한다(물의 탁한 색이 옅어질 때까지). 소쿠리에 씻은 쌀을 건진 후 30분간 그대로 두어 수분을 흡수시킨다.

2 완두콩은 껍질을 벗긴 후 깨끗이 씻는다.

3 솥에 쌀, 완두콩, 분량의 물, 소금, 청주를 넣고 밥을 짓는다.

4 그릇에 담고 위에 검은깨를 뿌린다.

玉蜀黍ごはん

옥수수밥

재료(4인분)

쌀 400cc, 옥수수 1개, 흑후추 약간

- **조미료** 물 600cc, 청주 30cc, 소금 약간, 버터 15g

만드는 법

1 쌀을 씻는다. 쌀에 물을 부어 가볍게 저은 후 물을 버린다. 손바닥으로 가볍게 눌러 씻은 후 물을 다시 가득 붓는 과정을 3~4회 반복한다(물의 탁한 색이 옅어질 때까지). 소쿠리에 씻은 쌀을 건진 후 30분간 그대로 두어 수분을 흡수시킨다.

2 옥수수는 김이 오른 찜통에서 15분간 쪄낸 후 알맹이를 분리한다.

3 솥에 쌀, 물, 청주, 소금을 넣고 밥을 짓는다.

4 불을 끄기 직전에 2의 옥수수와 버터를 넣고 뜸을 들인다.

5 그릇에 담고 위에 흑후추를 뿌려준다.

加薬ごはん

닭고기 간장밥

재료(4인분)

쌀 400cc, 닭다리살 100g, 우엉 1/2줄, 당근 40g, 표고버섯(작은 것) 2개, 유부 1장, 곤약 1/3개, 참나물 약간

- **조미료** 다시 500cc, 청주 50cc, 미림 40cc, 소금 약간, 연간장 40cc

만드는 법

1 쌀을 씻는다. 쌀에 물을 부어 가볍게 저은 후 물을 버린다. 손바닥으로 가볍게 눌러 씻은 후 물을 다시 가득 붓는 과정을 3~4회 반복한다(물의 탁한 색이 옅어질 때까지). 소쿠리에 씻은 쌀을 건진 후 30분간 그대로 두어 수분을 흡수시킨다.

2 닭다리살은 1cm 크기로 썬 후 끓는 물에 살짝 데친다.

3 우엉은 연필깎기 방법으로 썬 후 물에 담가둔다.

4 당근은 채 썬다.

5 표고버섯은 흙을 제거한 후 반으로 저며 얇게 채 썬다.

6 유부는 반으로 저민 후 곱게 채 썬다. 끓인 물에 살짝 데쳐 기름기를 제거한다.

7 곤약은 반으로 저민 후 곱게 채 썬다. 참나물은 줄기만 남도록 손질한 후 데쳐서 2cm 길이로 썬다.

8 솥에 조미료와 쌀, 참나물 외의 손질한 모든 재료를 넣어 가볍게 섞은 후 밥을 짓는다.

9 그릇에 담고 손질한 참나물을 올려 완성한다.

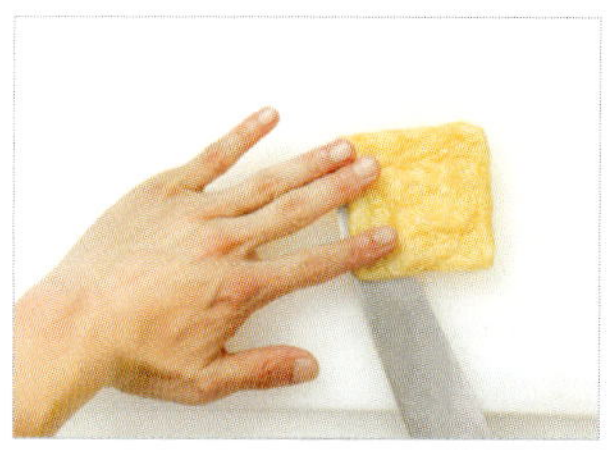

筍ごはん

죽순밥

재료(4인분)

쌀 400cc, 죽순 150g, 유부 2장, 참나물 1/4다발

• **조미료** 다시 500cc, 청주 50cc, 미림 40cc, 소금 약간, 연간장 40cc

만드는 법

1 쌀을 씻는다. 쌀에 물을 부어 가볍게 저은 후 물을 버린다. 손바닥으로 가볍게 눌러 씻은 후 물을 다시 가득 붓는 과정을 3~4회 반복한다(물의 탁한 색이 옅어질 때까지). 소쿠리에 씻은 쌀을 건진 후 30분간 그대로 두어 수분을 흡수시킨다.

2 죽순은 끓는 물에 삶은 후 모양을 살려 썬다.

3 유부는 반으로 자른 후 채 썰어 끓는 물에 살짝 데친다.

4 참나물은 줄기만 남도록 손질한 후 데쳐서 2cm 길이로 썬다.

5 솥에 조미료와 씻은 쌀, 죽순, 유부를 넣고 밥을 짓는다.

6 그릇에 담은 후 위에 **4**의 참나물을 올려 완성한다.

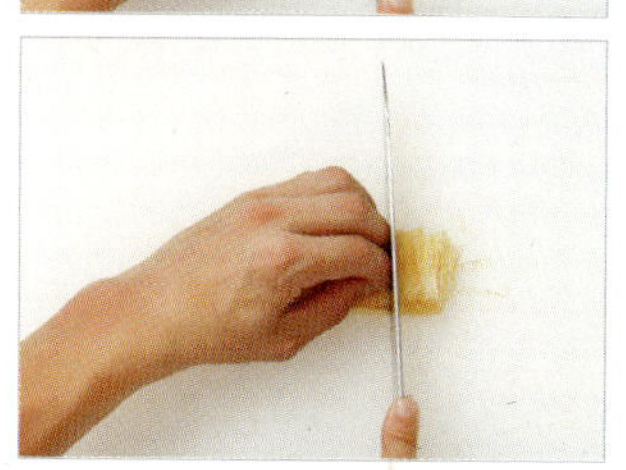

芋粥

고구마죽

재료(4인분)

쌀 100cc, 고구마 150g

- **조미료** 물 700cc, 소금 약간
- **벳코앙** べっ甲餡 다시 100cc, 미림 25cc, 진간장 25cc, 물전분 약간

만드는 법

1 쌀을 씻는다. 쌀에 물을 부어 가볍게 저은 후 물을 버린다. 손바닥으로 가볍게 눌러 씻은 후 물을 다시 가득 붓는 과정을 3~4회 반복한다(물의 탁한 색이 엷어질 때까지). 소쿠리에 씻은 쌀을 건진 후 30분간 그대로 두어 수분을 흡수시킨다.

2 고구마는 깨끗이 씻은 후 껍질째 한입 크기로 썰어 30분간 물에 담가 둔다.

3 고구마의 불순물이 제거되면 끓는 물에 소금을 넣고 부드러워질 때까지 삶는다.

4 질냄비에 물과 쌀을 넣고 센 불로 끓인다. 끓기 시작하면 불을 줄여 10분간 더 끓인다.

5 **4**의 냄비에 **3**의 고구마를 넣고 소금으로 간을 한 다음 10분간 더 끓인다.

6 다른 냄비에 물전분을 제외한 벳코앙 재료를 모두 넣고 끓이다가 물전분으로 농도를 조절한다.

7 그릇에 **5**를 담고 그 위에 **6**을 끼얹는다.

栗粥

밤죽

재료(4인분)

쌀 100cc, 밤 150g, 검은깨 약간, 치자열매 1개

• **조미료** 물 700cc, 소금 약간

만드는 법

1 쌀을 씻는다. 쌀에 물을 부어 가볍게 저은 후 물을 버린다. 손바닥으로 가볍게 눌러 씻은 후 물을 다시 가득 붓는 과정을 3~4회 반복한다(물의 탁한 색이 옅어질 때까지). 소쿠리에 씻은 쌀을 건진 후 30분간 그대로 두어 수분을 흡수시킨다.

2 밤은 겉과 안껍질을 제거한 후 치자열매, 소금과 함께 부드러워질 때까지 삶는다.

3 질냄비에 물과 쌀을 넣어 센 불에서 끓인다. 끓기 시작하면 불을 약하게 줄여 10분 정도 더 끓인다.

4 **3**의 냄비에 삶은 밤을 넣고 소금으로 간을 한 다음 10분간 더 끓인다.

5 그릇에 담고 그 위에 검은깨를 뿌려준다.

きのこ雑炊

버섯 조스이

재료(4인분)

밥 450g, 표고버섯(작은 것) 2개, 새송이버섯 1개, 만가닥버섯 75g, 팽이버섯 75g, 쪽파 1/2묶음

- **조미료** 다시 900cc, 소금 5g, 연간장 10cc

만드는 법

1 표고버섯과 새송이버섯은 얇게 채 썬다.

2 만가닥버섯은 흙을 제거한 후 한입 크기로 찢는다.

3 팽이버섯은 흙을 제거한 후 3등분한다.

4 쪽파는 잘게 썬다.

5 냄비에 분량의 조미료와 손질한 버섯을 넣고 끓인다.

6 **5**의 냄비에 물에 가볍게 씻은 밥을 넣고 한 번 더 끓인다.

7 그릇에 담고 **4**의 쪽파를 얹는다.

Cooking tip

- **조스이(雜炊)** : 국물 요리에 밥을 넣어 끓인 것을 말하며, 국물 양이 죽(お粥)보다 많은 것이 특징이다.

もずく雑炊

큰실말 조스이

재료(4인분)

밥 450g, 큰실말 100g, 생강 20g

* **조미료** 다시 900cc, 소금 5g, 연간장 10cc

만드는 법

1 큰실말은 엉켜 있는 덩어리를 젓가락으로 풀어준 다음 5cm길이로 썰
  어 데친다. 소쿠리에 건져 얼음물에 식힌 후 물기를 제거한다.

2 생강은 얇게 채 썬다.

3 냄비에 분량의 조미료를 모두 넣고 끓으면 큰실말과 생강, 물에 가볍게
  씻은 밥을 넣어 한 번 더 끓인다.

4 그릇에 담아 완성한다.

山菜おこわ

산나물찰밥

재료(4인분)

찹쌀 500cc, 산나물 150g, 당근 100g, 죽순 100g, 건표고버섯 2개, 만가닥버섯 75g
* **조림국물** 다시 100cc, 청주 20cc, 미림 20cc, 진간장 20cc

만드는 법

1 찹쌀은 물에 담가 하룻밤 불려 수분을 흡수시킨다.

2 산나물은 삶아 식힌다.

3 당근과 죽순은 얇게 채 썬다.

4 건표고버섯은 미지근한 물에 불린 후 얇게 채 썬다.

5 만가닥버섯은 흙을 제거한 후 한입 크기로 찢는다.

6 냄비에 분량의 조림국물 재료를 섞고 산나물, 당근, 죽순, 버섯을 넣고 조린다.

7 김이 오른 찜통에 면 보자기를 깐 후 **1**의 찹쌀을 물기를 제거해 넣고 30분간 찐다.

8 찐 **7**의 찹쌀을 큰 볼에 옮겨 담은 후 **6**과 함께 섞는다.

9 **8**을 다시 찜통에 담고 15분간 찐다.

10 그릇에 담아 완성한다.

赤飯

팥밥

재료(4인분)

찹쌀 500cc, 팥 50g, 검은깨 약간

● **조미료** 소금 5g, 설탕 15g

만드는 법

1 찹쌀은 물에 담가 하룻밤 불려 수분을 흡수시킨다.

2 냄비에 팥과 팥 5배의 물(분량 외)을 넣고 팥을 삶는다. 이때, 팥은 손가락으로 으깼을 때 쉽게 으깨지는 상태인 80%까지만 익힌다.

3 2의 팥과 팥 삶은 물을 분리한다. 두 개의 볼을 준비한 다음 붉은색이 잘 나도록 팥물을 천천히 옮겨가며 식힌다. 팥 삶은 물의 양이 부족하면 물을 더 넣어 400cc로 맞춘다.

4 1의 찹쌀은 물기를 제거해 3의 팥 삶은 물에 담가 2시간 둔다.

5 4를 냄비에 붓고 소금, 설탕을 넣어 끓인다. 점성이 생기지 않도록 부드럽게 저어가며 센 불에서 팥 삶은 물이 찹쌀에 스며들도록 한다.

6 김이 오른 찜통에 면 보자기를 깐 후, 수분을 제거한 5와 2의 팥을 넣고 30분간 찐다.

7 그릇에 담고 위에 검은깨를 뿌려 완성한다.

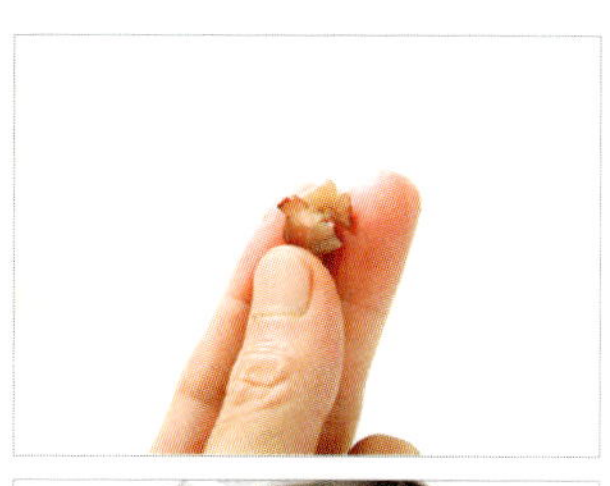

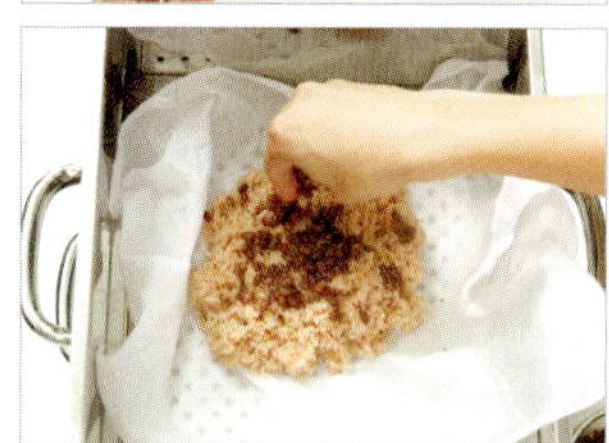

Cooking tip

● 3의 과정에서 물이 공기와 접촉해 팥밥이 고운 적색이 된다.

鯛茶漬け

도미차즈케

재료(4인분)

도미살 120g, 참나물 1/2다발, 볶은 흰깨 약간, 찹쌀튀김 약간, 와사비 약간

김 약간, 흰밥 400g

- **조미료** 다시 600cc, 소금 약간, 연간장 5cc
- **깨된장 경단** 胡麻味噌団子 깨 100g, 된장 15g, 청주 5cc, 미림 5cc, 진간장 35cc

만드는 법

1 도미살은 한입 크기로 얇게 썬다.

2 참나물은 2cm 길이로 썬다.

3 절구에 분량의 깨된장 경단 재료를 모두 넣고 섞은 후 동그랗게 빚는다.

4 냄비에 분량의 다시와 소금·연간장을 넣고 끓인다.

5 그릇에 밥을 담고 그 위에 볶은 깨와 찹쌀튀김, 참나물, 김을 올린다.

6 다른 그릇에 **4**의 국물을 담고 또 다른 그릇에 도미와 깨된장 경단, 와사
   비를 담는다.

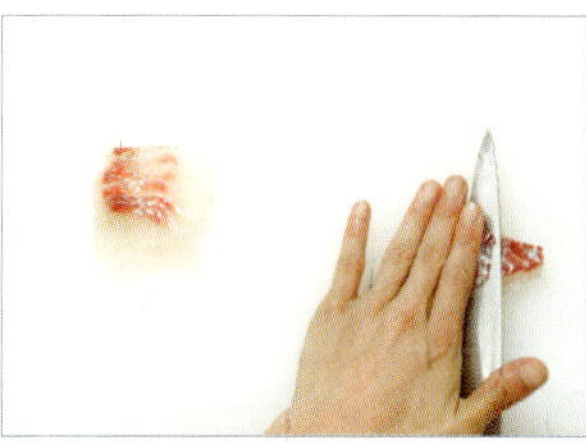

牛丼

규동

재료(4인분)

쇠고기 슬라이스 200g, 양파 40g, 쪽파 2대, 밥 600g

• **조림국물** 다시 500cc, 청주 90cc, 설탕 50g, 미림 90cc, 진간장 100cc

만드는 법

1 쇠고기는 한입 크기로 썬다.

2 양파는 결을 따라 1cm 두께로 썬다.

3 쪽파는 어슷썬다.

4 냄비에 분량의 조림국물 재료를 넣고 끓인다. 끓이는 도중 작은 거품이
   올라오면(50℃) **1**의 쇠고기를 넣는다.

5 **4**가 끓으면 **2**의 양파를 넣고 불을 끈다.

6 그릇에 밥을 담고 **5**를 위에 올린 후 쪽파를 올려 완성한다.

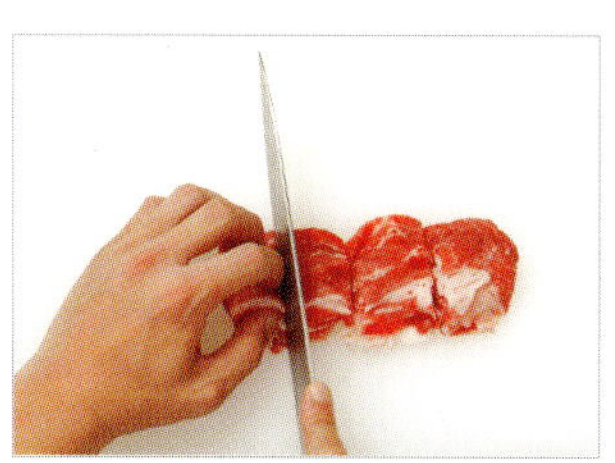

親子丼

오야코동

재료(4인분)

닭다리살 200g, 양파 40g, 쪽파 2대, 달걀 4개, 흰밥 600g

- **조림국물** 다시 140cc, 설탕 10g, 미림 50cc, 진간장 50cc

만드는 법

1 닭다리살은 힘줄을 제거한 후 한입 크기로 썰어 끓는 물에 살짝 익힌다.

2 양파는 결을 따라 얇게 썬다.

3 쪽파는 다듬은 후 3cm 길이로 어슷썬다.

4 냄비에 조림국물 재료를 모두 넣고 끓인다.

5 달걀은 가볍게 풀어둔다.

6 돈부리 냄비에 **4**의 조림국물과 닭다리살, 양파를 넣고 끓인다. 재료가 익
   으면 **5**의 달걀을 넣어 반숙 상태까지 익힌 후 쪽파를 넣는다.

7 그릇에 밥을 담고 그 위에 **6**을 부어 완성한다.

 *Cooking tip*

- **오야코동(親子丼)** : 닭고기(親 : 오야)와 달걀(子 : 코)을 같이 넣어 '오야코'라는 이름
  을 갖게 되었다.

デザート

디저트

예전에는 야생의 열매, 풀의 열매를 과일(果物 : 구다모노)이라고 했으며 과자(菓子 : 가시)라는 글자를 사용했다. 불교의 전래와 함께 건어물 가루로 맛을 낸 삶거나 튀긴 중국과자가 전해졌다. 그 후 과자(菓子 : 가시)와 과일(果物 : 구다모노)을 구분해서 사용하기 시작했으며, 과일을 물과자(水菓子 : 미즈카시)라고 불렀다. 일본요리의 디저트는 서양요리, 중국요리에 비해 가장 약한 분야로 향후의 과제의 하나이기도 하다.

小豆の粒餡

팥앙금

재료(4인분)

팥 300g, 설탕 600g, 소금 3g

만드는 법

1 냄비에 팥을 넣고 팥이 잠길 정도의 물을 부은 다음 하룻밤 둔다.

2 1을 불에 올려 끓인다. 끓기 시작하면 센 불에서 5분간 더 끓인 후 물을 버린다. 팥 특유의 떫은 맛을 없애기 위한 과정이다.

3 2의 팥을 깨끗이 씻은 후 냄비에 쏟고 팥이 잠길 정도의 물을 부어 30~40분간 삶는다. 이때, 팥알이 터지지 않도록 전체 수분양의 10%의 물을 중간중간에 부어준다.

4 팥이 부드럽게 익으면 흐르는 물에 씻은 후 무명천에 올려 물기를 제거한다.

5 볼에 4의 팥과 팥 분량의 60% 설탕을 준비한 후 섞는다. 수분이 나오기 시작하면 냄비에 옮겨 가열한다.

6 5를 계속 저어주며 남은 설탕을 조금씩 넣는다. 이때, 설탕을 한꺼번에 넣게 되면 팥이 딱딱해질 수 있다.

7 냄비 바닥에 팥앙금이 달라붙기 시작하면 불에서 내려 넓은 판에 펼친 후 소금을 뿌려 식힌다. 이때, 물기를 짠 면 보자기를 위에 덮어 표면이 건조해지는 것을 방지한다.

 Cooking tip

• 기호에 따라 팥알 모양을 살리거나 체에 내려 고운 팥앙금을 만든다.

水羊羹

양갱

재료(4인분)

고운 팥앙금 300g, 실한천 3g, 물 400cc, 설탕 60g, 소금 약간

만드는 법

1 실한천을 물에 불린다.

2 냄비에 **1**의 실한천과 물을 넣고 끓인 후 실한천이 녹으면 설탕을 넣고
   체에 거른다.

3 **2**에 고운 팥앙금을 넣고 조린다. 마지막에 소금을 넣고 불에서 내린다.

4 식으면 물에 가볍게 적신 굳힘틀에 넣어 실온에서 굳힌 후 차게 보관
   한다.

5 한입 크기로 썬다.

Cooking tip

- 불에 올려 개어 만든 양갱보다 담백하며 수분이 많고 식감이 부드럽다.

栗金団

밤과 고구마 경단

재료(4인분)

고구마 200g, 조린 밤 4개, 치자 2개

- **조미료** 설탕 50g, 밤시럽 약간

만드는 법

1. 고구마는 질긴 섬유질이 남지 않도록 껍질을 두껍게 벗긴다.

2. **1**의 고구마와 밤을 한입 크기로 썬다.

3. 냄비에 **2**의 고구마와 물에 헹군 치자, 물을 넣고 삶는다.

4. 고구마가 익으면 체에 곱게 내린 후 설탕과 함께 냄비에 담는다.

5. 잘 저어주며 익힌 후 밤시럽을 넣고 약한 불에서 계속 가열한다.

6. **5**의 고구마가 손에 달라붙지 않을 정도의 농도가 되면 불을 끄고 식힌다.

7. 랩을 사용하여 조린 밤을 **6**으로 감싸 꽃 모양을 만든다.

Cooking tip

- **긴톤(金団)** : 돈 뭉치처럼 보이는 경단이라고 하여 긴톤이라는 이름을 붙인다.

焼桜餅

구운 벚꽃떡

재료(4인분)

팥앙금 120g, 소금에 절인 벚꽃잎 8장

- **반죽(8장분)** 찹쌀가루 15g, 박력분 60g, 물 100cc, 설탕 20g, 식용색소(분홍색) 약간

만드는 법

1 식용색소를 제외한 분량의 반죽 재료를 모두 섞는다.

2 덩어리지지 않도록 고루 섞은 후 마지막에 식용색소를 넣고 숙성시킨다.

3 달군 팬에 **2**의 반죽을 긴 타원형으로 얇게 펼친 후 굽는다.

4 팥앙금은 둥근 모양으로 만든 후 **3**의 반죽 위에 올려 돌돌 말아준다.

5 소금기를 제거한 벚꽃잎으로 **4**를 감싼다.

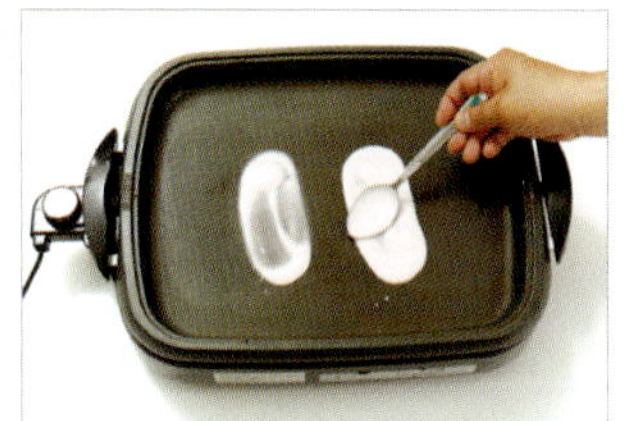

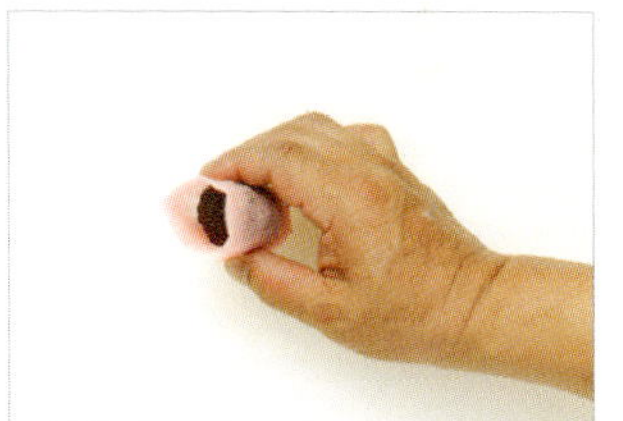

 *Cooking tip*

- 찹쌀가루만을 사용하여 만든 벚꽃떡보다 간단히 만들 수 있다.

わらび餅

고사리떡

재료(4인분)

고사리가루 75g, 찹쌀가루 25g, 황색 각설탕 90g, 물 300cc

- **조미료** 콩가루 30g, 설탕 20g, 소금 약간

만드는 법

1 찹쌀가루와 고사리가루를 섞은 후 물 100cc와 잘 섞는다.

2 냄비에 남은 물 200cc와 황색 각설탕을 넣고 조린 후 **1**을 넣어 약불에
서 저으며 끓인다.

3 **2**를 사각틀에 옮겨 담은 후 찜통에서 20분간 찐다.

4 분량의 콩가루, 설탕, 소금을 섞어둔다.

5 **3**을 얼음물에 넣고 식힌 후 한입 크기로 썰어 콩가루를 묻힌다.

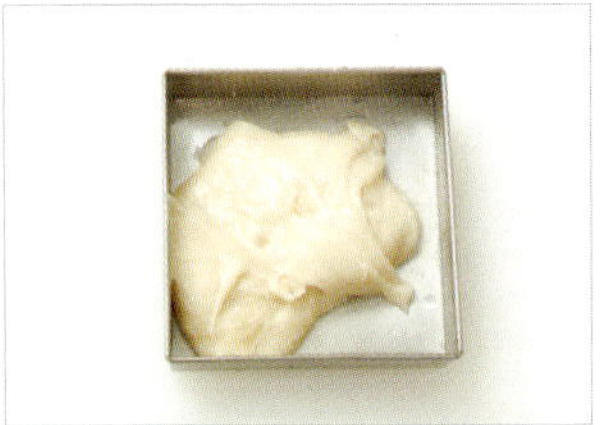

Cooking tip

- 고사리의 뿌리에서 채취한 전분인 고사리가루를 사용한 디저트이다.

白胡麻プリン

흰깨 푸딩

재료(4인분)

우유 200cc, 생크림 50cc, 달걀노른자 90g, 달걀 1개, 그라뉴당 80g,
깨페이스트 30g, 민트잎 약간

- **캐러멜소스A** 설탕 100g, 물 100cc
- **캐러멜소스B** 설탕 100g, 물 100cc

만드는 법

1 볼에 달걀노른자와 달걀, 설탕을 넣고 하얗게 될 때까지 거품기로 잘 저어
   준다.

2 냄비에 우유와 생크림을 넣고 80℃까지 따뜻하게 데운다.

3 **1**의 볼에 깨페이스트를 섞은 후 **2**를 조금씩 넣어가며 고루 섞고 체에 내
   린다.

4 냄비에 캐러멜소스A의 재료를 넣은 후 센 불에서 끓인다. 갈색이 나고 약
   간의 연기가 나면 불에서 내린다.

5 **4**를 굳힘틀에 붓고 그 위에 **3**을 부은 후 160℃ 오븐에서 30분간 천천히
   익혀 식힌다.

6 캐러멜소스B를 만든다. 냄비에 설탕과 물 50cc를 넣어 캐러멜을 만든 후
   남은 물 50cc를 넣고 한 번 더 끓인다.

7 **5**를 한입 크기로 썰어 그릇에 담고 그 위에 **6**의 캐러멜소스B를 뿌린 후
   민트잎으로 장식한다.

抹茶の葛切り

말차쿠즈키리

재료(4인분)

칡전분 100g, 말차가루 20g, 물 300cc, 설탕 30g
- **조청** 흑설탕 150g, 각설탕 150g, 물 150cc

만드는 법

1 볼에 칡전분과 말차가루, 설탕을 섞은 후 물을 조금씩 넣으며 덩어리가
  생기지 않도록 잘 풀어준다.

2 **1**을 체에 한 번 내린다.

3 **2**를 사각틀의 바닥에 얇게 붓고 중탕한다.

4 표면이 굳으면 틀을 뜨거운 물에 완전히 담근다.

5 잠긴 상태에서 반투명해지면 그대로 건져 얼음물에 담가 식힌다.

6 충분히 식으면 틀에서 분리한 후 5mm 두께로 썬다.

7 냄비에 분량의 조청 재료를 모두 넣고 설탕이 녹을 정도로만 끓인다.

8 그릇에 **6**을 담고 **7**의 조청을 곁들여 먹는다.

 Cooking tip

- 사르르 녹는 식감에 말차의 풍미를 더한 여름 디저트이다.

グレープフルーツゼリー寄せ
＆キウイの蜜煮

자몽젤리 & 키위시럽조림

재료(4인분)

키위시럽조림 키위 4개, 레몬 슬라이스 약간

- **조미료** 설탕 130g, 물 200cc, 쿠앵트로 30cc

자몽젤리 자몽 1개, 판젤라틴 8g, 물 300cc, 설탕 50g, 오렌지큐라소 1큰술

만드는 법

• 키위시럽조림

1 키위는 껍질을 벗긴 후 모양을 살려 둥글게 썬다.

2 냄비에 설탕과 물을 넣고 끓인 후 **1**을 넣어 30초간 조린다.

3 **2**에 쿠앵트로와 레몬 슬라이스를 넣고 얼음물에 식힌다.

• 자몽젤리

1 자몽은 반으로 잘라 숟가락으로 과육을 도려낸다. 도려낸 과육은 즙을
   짜고 껍질은 그릇으로 사용한다.

2 젤라틴은 물에 담가둔다.

3 냄비에 물과 설탕을 넣고 가열한다.

4 **3**의 냄비에 **2**를 섞어 녹인 다음 볼에 옮겨 담는다.

5 **4**의 볼에 **1**의 자몽즙과 오렌지큐라소를 넣고 식힌다.

6 **1**의 껍질에 **5**를 부어 굳혀 완성한다.

- 과일의 종류에 따라 조리는 시간을 조절한다.
- 서양 요리에서는 콩포트라고 한다. 사과나 배를 사용하여 만들기도 한다.

練り物・寄せ物

네리모노 · 요세모노

네리모노(練り物)와 요세모노(寄せ物)는 조리법이 비슷해 명확히 구분 짓기가 힘들다. 일반적으로 네리모노란 개거나 이기는 조리 동작이 들어간 요리로 어묵이나 양갱 등을 말한다. 요세모노란 액상의 재료를 틀에 흘려 넣어 굳힌 요리를 말하며, 나가시모노(流し物)라고도 한다. 응고 재료로는 한천, 젤라틴, 전분 등이 이용된다. 긴톤(金団 : 일본 화과자)은 재료를 익혀서 으깨므로 네리모노라고 할 수 있고, 고마도후(胡麻豆腐 : 깨두부)는 네리모노라고 해도 되고 요세모노라고 해도 된다. 대부분의 요리가 식감이 부드러워 요리의 흐름에 포인트를 주는 역할을 한다.

胡麻豆腐

깨두부

재료(4인분)

깨페이스트 50g, 칡전분 30g, 청주 50cc, 물 500cc, 와사비 약간, 설탕 15g,
소금 약간

- **도사조유** 土佐醬油 간장 200cc, 청주 50cc, 가다랑어포 20g

만드는 법

1 냄비에 깨페이스트를 넣고 칡전분과 물을 섞어 체에 걸러 넣는다.

2 1을 센 불에 올린 후 저어가며 익힌다. 점성이 생기기 시작하면 불에서
  내려 덩어리지지 않도록 계속 저어준다. 그리고 다시 불에 올려 약한
  불에서 30분간 저어가며 익힌다. 마지막에 청주, 설탕, 소금을 넣고 섞
  는다.

3 2를 굳힘틀에 붓고 조리용 토치로 기포를 제거한다. 랩으로 윗면을 덮
  은 후 얼음물에 완전히 담궈 식힌다.

4 도사조유를 만든다. 냄비에 간장과 청주를 붓고 끓인 후 가다랑어포를
  넣고 불에서 내린다. 충분히 식힌 후 체에 거른다.

5 3를 먹기 좋은 크기로 썬 후 그릇에 담고 그 위에 와사비와 도사조유를
  곁들인다.

Cooking tip

- **생와사비 손질법** : 와사비는 잎사귀가 붙어 있는 곳을 연필을 깎듯이 칼로 잘라
  준 후 표면의 검고 울퉁불퉁한 곳은 칼등으로 긁어 제거한다. 전용 강판에 간다.

鯛の煮凝り

도미 니코고리

재료(4인분)

도미살 100g, 도미껍질 20g, 생강 10g, 쪽파 4대, 판젤라틴 6g, 차조기꽃 4장

- **조미료** 다시 300cc, 청주 30cc, 미림 15cc, 연간장 15cc

만드는 법

1 도미살은 한입 크기로 썬 후 소금을 뿌려뒀다가 뜨거운 물에 겉만 살짝 익도록 데친다.

2 도미껍질은 두껍게 채 썬 후 끓는 물에 데친다.

3 생강은 얇게 채 썰고 쪽파는 살짝 데친 후 3cm 길이로 썬다.

4 냄비에 분량의 조미료 재료를 모두 넣고 **2**의 도미껍질을 넣어 5분간 조린 후 손질한 도미살과 생강을 넣어 익힌다.

5 **4**의 냄비를 불에서 내린 후 젤라틴과 쪽파를 넣고 섞는다.

6 **5**의 냄비를 흐르는 물에 담가 식힌다. 농도가 되직해지면 굳힘틀에 붓는다.

7 완전히 굳으면 먹기 좋은 크기로 썰어 그릇에 담고 차조기꽃을 곁들인다.

Cooking tip

- 여러 가지 생선이나 닭고기, 자라 등을 사용할 수 있다.
  원래는 재료가 가지고 있는 젤라틴으로 굳히는 요리이다.
- 과정 **1**에서 도미살을 살짝 데쳐주면 국물이 탁해지는 것을 방지할 수 있다.

滝川豆腐

다키카와 두부

재료(4인분)

두유 200cc, 물 100cc, 다시 100cc, 실한천 6g, 판젤라틴 3g

청유자 1개, 오쿠라 1개, 소금 약간, 방울토마토 4개

● **우마다시 うま出し** 다시 80cc, 미림 10cc, 연간장 10cc, 가다랑어포 약간

만드는 법

1 실한천과 판젤라틴은 각각 불린다.

2 냄비에 분량의 물과 다시, **1**의 실한천을 넣고 전체 수분의 10%가 줄어
   들 때까지 조린다.

3 **2**를 불에서 내린 후 물기를 제거한 **1**의 판젤라틴을 섞는다.

4 또 다른 냄비에 두유를 넣고 약간 뜨거운 온도로 데운다.

5 **3**과 **4**를 섞은 후 체에 걸러 충분히 식혀 굳힘틀에 넣어 굳힌다. 이때, 윗
   면의 기포는 조리용 토치로 제거한다.

6 새로운 냄비에 가다랑어포를 제외한 분량의 우마다시 재료를 모두
   넣고 끓인다. 끓어오르면 가다랑어포를 넣고 체에 거른 다음 식힌다.

7 오쿠라는 소금으로 겉면을 문질러 씻은 다음 살짝 데친다.

8 **5**를 틀에서 꺼낸 후 적당한 크기로 잘라 썰어 그릇에 담고 **7**의 오쿠라
   와 껍질 벗긴 방울토마토를 곁들인다. 강판에 간 청유자 껍질을 뿌려 완
   성한다.

Cooking tip

● **다키카와 (滝川)** : 두유를 한천이나 젤라틴으로 굳힌 것이다. 덴츠키(天突き)라
  고 불리는 틀에서 굳힌 후 꺼냈을 때 그 모양이 마치 산골짜기에 흐르는 물을 연
  상하게 한다고 해서 붙여진 이름이다.

鍋物

냄비

냄비 요리는 재료를 그릇에 옮겨 담지 않고 냄비에 담긴 그대로 제공하는 요리를 말한다. 그래서 나베모노(鍋物) 또는 오나베(お鍋)라고 부르기도 한다.

특히 겨울에 즐겨 먹는 냄비 요리는 냄비에서 바로 조리해 여러 명이 각자의 그릇이나 폰즈, 다레 등을 담은 돈스이(呑水 : 작은 전용 접시)에 나눠 담아 먹는 것이 일반적이다. 주로 여러 명이 둘러앉아 먹으므로 큰 사이즈의 냄비를 이용하는데 요즘에는 1인용 냄비도 판매되고 있어서 이것을 이용하는 경우에는 따로 담아 먹지 않고 냄비째 먹기도 한다.

냄비 요리에서 양념은 요리의 맛을 살리는 역할을 하며 요리의 포인트가 된다. 대표적인 양념으로는 고춧가루, 시치미가라시(七味唐辛子 : 일곱가지 향신료를 섞은 매콤한 양념), 간 무, 파, 간 생강, 유자 등 많은 종류가 있다. 규슈에서는 최근 유즈코쇼(柚子胡椒 : 유자와 고추를 섞어 숙성시킨 조미료)를 선호해 자주 사용한다고 한다.

냄비 요리를 만드는 방법은 크게 양념을 넣지 않는 미즈타키(水炊き)와 양념을 넣은 전골 요리로 나눌 수 있다. 미즈타키는 재료를 익힌 후 폰즈 등에 찍어 먹고 전골 요리는 양념이 되어 있으므로 그대로 먹는다. 냄비 요리는 재료를 다 먹은 후에 냄비에 남아 있는 국물에 밥을 넣어 죽을 만들거나 면을 넣어 먹기도 한다.

寄せ鍋

모둠냄비

재료(4인분)

오징어 200g, 새우 4마리, 닭고기 200g, 돼지고기 800g, 대합 4개, 흰살 생선 100g, 가마보코 1개, 배춧잎 4장, 시금치 1묶음, 은행 12알, 실곤약 100g, 팽이버섯 150g, 만가닥버섯 150g, 나마후 1/2개

- **조림국물** 다시 1400cc, 청주 200cc, 미림 200cc, 연간장 200cc
- **야쿠미** 薬味 파 약간, 와사비 약간, 김 약간

만드는 법

1 오징어는 우물 정(井) 모양으로 칼집을 넣는다.

2 **1**의 오징어와 새우, 닭고기, 돼지고기를 끓는 물에 각각 데친다.

3 대합은 소금물에 담가 어두운 곳에서 해감시킨다.

4 흰살 생선은 한입 크기로 썬다.

5 가마보코는 칼날을 비틀어 파도 모양으로 썬다. 나마후는 1cm 두께로 자른다.

6 배춧잎, 시금치는 끓는 물에 데친 후 물기를 제거한다.

7 김발에 **6**의 배춧잎을 펼쳐 올리고 그 위에 시금치를 얹는다.

8 시금치가 가운데로 오도록 돌돌 말아준 후 4cm 길이로 썬다.

9 은행은 겉껍질과 속껍질을 벗긴 후 끓는 물에 데치고 물기를 제거한다. 꼬치에 3개씩 꽂는다.

10 실곤약은 끓는 물에 데친 후 그대로 식히고 팽이버섯과 만가닥버섯은 한입 크기로 찢는다.

11 냄비에 분량의 조림국물 재료를 모두 넣고 끓인다.

12 질냄비에 손질한 재료를 보기 좋게 담은 후 **11**을 붓고 불에 올린다.

13 기호에 따라 야쿠미(薬味)를 곁들여 먹는다.

 *Cooking tip*

- 야쿠미(薬味) : 독특한 향기를 가진 재료로 다른 재료의 잡냄새를 잡아주고 식욕을 돋우어주는 역할을 한다.

鶏の水炊き

닭고기 미즈타키

재료(4인분)

닭고기(영계) 1마리, 산파 1묶음, 양배추잎 300g, 표고버섯 4개, 팽이버섯 150g,
당근 1개, 쑥갓 1묶음, 떡 4개

- **육수** 닭뼈 3마리 분량, 물A 3ℓ, 물B 4ℓ
- **폰즈 ポン酢** 영귤즙 100cc, 식초 50cc, 간장 100cc, 다시마 1장

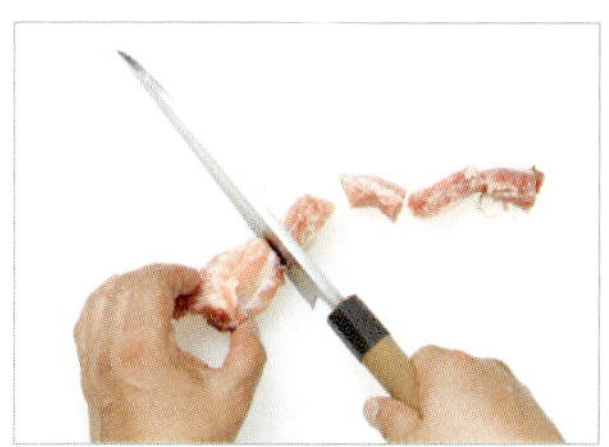

만드는 법

1 육수용 닭뼈는 씻은 후 작게 썰어 물A와 함께 냄비에 넣고 10분간 끓여
   닭육수를 만든다.

2 닭고기는 한입 크기로 썬 후 냄비에 물B와 함께 넣어 1시간 정도 끓인다.

3 양배추잎, 표고버섯, 팽이버섯, 당근, 쑥갓은 먹기 좋은 크기로 썬 후 그
   릇에 떡과 함께 담는다.

4 산파는 잘게 썬다.

5 분량의 폰즈 재료를 모두 섞은 후 하루 동안 숙성시킨다.

6 먹는 방법 : **1**과 **2**의 육수를 같은 비율로 섞은 후 삶아놓은 닭고기와 함
   께 미즈타키용 냄비에 넣어 한 번 끓인다. 육수는 소금으로 간해서 마시
   고, 그 후에 고기를 폰즈에 찍어 먹는다. **3**의 채소를 육수에 넣어 익혀
   서 먹고 마지막에 떡이나 밥을 넣어 먹는다.

 *Cooking tip*

- 하카타(博多)의 명물이자 향토요리로 정착된 요리이다. 하카타 지역에서 미즈타
  키라고 하면 닭고기가 들어간 미즈타키를 말한다.

すき焼き

스키야키

재료(4인분)

쇠고기 등심 400g, 달걀 4개, 구운 두부 1모, 당면 50g, 대파 2대,
실곤약 4개, 쇠고기 비계 약간, 배춧잎 4장, 쑥갓 1묶음

- **조미료** 설탕 200g, 간장 200cc, 다시마다시 400cc

만드는 법

1 구운 두부는 12등분하고 대파는 4cm 길이로 썬다.

2 실곤약은 끓는 물에 데치고 배춧잎은 적당한 크기로 썰어둔다.

3 쑥갓은 잎부분만 남도록 손질하고 당면은 뜨거운 물에 불린 후 먹기 쉽
   게 나눈다.

4 스키야키 냄비를 달군 후 쇠고기 비계를 기름처럼 두르고 대파를 넣어
   향을 낸다. 고기를 넣고 굽는다. 고기에 설탕을 뿌린 후 설탕이 녹으면
   간장으로 간을 하고 다시마다시를 넣는다. 고기를 먹을 때는 기호에 따
   라 날달걀에 적셔 먹기도 한다. 고기를 먹고 남은 국물에 채소 등을 넣
   어 익혀 먹는데 이때, 국물 간이 진하면 다시마다시를 넣어 묽게 한다.

Cooking tip

- 관동지방의 경우 와리시타(조림용 국물)를 넣어 한 번 끓인 다음 고기를 넣어
  익힌다.
- **와리시타(割り下)** : 다시마다시 200cc, 설탕 60g, 미림 200cc, 간장 200cc, 청주 50cc

しゃぶしゃぶ

샤부샤부

재료(4인분)

쇠고기 400g, 대파 2대, 경수채 1묶음, 팽이버섯 300g, 배춧잎 4장,
다시마다시 1000cc, 폰즈 100cc

- **깨소스(고마타레 : 胡麻タレ)** 깨페이스트 100g, 알코올 날린 술 200cc, 레몬즙 10cc,
  알코올 날린 미림 20cc, 연간장 50cc

만드는 법

1 고기는 1mm 두께로 얇게 썬다.

2 대파, 경수채, 팽이버섯, 배춧잎은 8~10cm 길이로 길게 썬다.

3 절구에 깨페이스트를 넣고 알코올 날린 술을 조금씩 넣어가며 섞는다.
   연간장, 알코올 날린 미림, 레몬즙을 섞어 간한다.

4 먹는 방법 : 냄비에 다시마다시를 넣고 끓인 후 고기와 채소를 살짝 데
   쳐서 깨소스나 폰즈에 찍어 먹는다.

Cooking tip

- 냄비 온도는 80℃를 유지하는 게 좋다. 이 온도에서는 고기가 천천히 익으므로
  맛있게 먹을 수 있다.
- 샤부샤부는 원래 중국요리에서 전해진 요리로, 처음에는 양고기를 사용했지만
  현재는 문어나 갯장어, 중합(하마구리)이 대표적인 재료로 사용되고 있다.

おでん

오뎅 모둠냄비

재료(4인분)

무 1/2개, 오뎅 4개, 달걀 4개, 유부 4개, 곤약 2개,
구운 두부 1모, 유바 1묶음

- **새우완자** 새우(간 것) 500g, 흰살 생선(간 것) 100g, 달걀흰자 1개 분량, 산마(간 것)
  45cc, 다시마다시 40cc, 미림 30cc, 소금 약간, 물전분 15cc
- **무 조림국물** 다시 1ℓ, 설탕 15cc, 미림 70cc, 소금 약간, 연간장 60cc
- **닭육수** 닭뼈 5마리 분량, 물 10ℓ, 다시마 약간
- **오뎅 조림국물** 닭육수 1.5ℓ, 다시 600cc, 청주 150cc, 미림 150cc, 소금 약간,
  연간장 150cc

만드는 법

1 무는 2cm 길이의 반달 모양으로 썬 후 쌀뜨물(분량 외)에 데친다.

2 분량의 무 조림국물을 만든 후 **1**을 넣고 조린다.

3 달걀은 삶아놓는다.

4 분량의 새우완자 재료는 믹서기에 모두 넣고 골고루 섞는다.

5 **4**를 둥글게 빚은 후 1ℓ정도 충분한 양의 다시마다시(분량 외)에 넣고 익힌다.

6 그 외의 재료는 먹기 좋은 크기로 썬 후 꼬치에 꽂는다.

7 분량의 오뎅 조림국물 재료를 모두 섞어 조림국물을 만든 후 모든 재료를 넣어 끓인다.

Cooking tip

- 가이세키(会席) 요리에서 내는 경우는 극히 드물지만 작은 냄비에 담아 조림요리(煮物)로 내기도 한다.

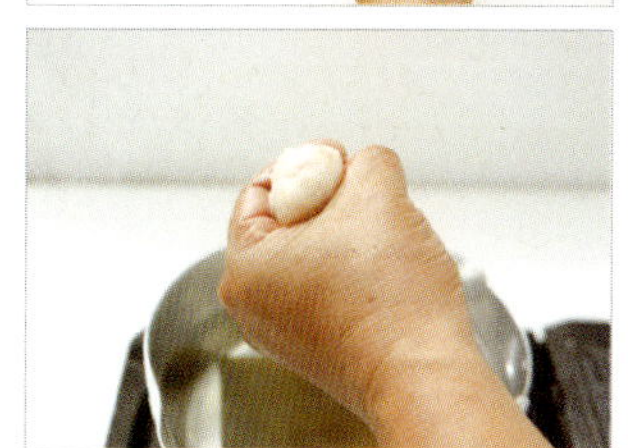

鴨 鍋

오리고기 냄비요리

재료(4인분)

오리고기 가슴살 200g, 오리완자 200g, 대파 2대, 쪽파 4대

- **다시** 다시 450cc, 청주 50cc, 미림 50cc, 진간장 50cc
- **오리완자** 오리고기(간 것) 200g, 산마(간 것) 30cc, 달걀 약간, 소금 약간,
  미림 5cc, 연간장 5cc, 칡전분 약간, 다시마다시 30cc, 산초가루 약간

만드는 법

1 분량의 오리완자 재료를 모두 볼에 넣고 골고루 섞는다.

2 반죽을 손을 이용해 동그란 완자 모양으로 만든 후 1ℓ 정도 충분한 양
  의 다시마다시(분량 외)에 넣고 익힌다.

3 그릇에 썬 오리고기와 2의 완자를 담는다.

4 채소는 얇고 비스듬하게 썬다.

5 먹는 방법 : 냄비에 분량의 다시를 넣고 불에 올려 끓기 시작하면 **3, 4**
  를 넣어 각각 익혀가며 먹는다.

牡蠣土手鍋

굴 도테나베

굴 400g, 구운 두부 1모, 팽이버섯 1묶음, 쪽파 4대, 참나물 1묶음,
아와세된장(あわせ味噌) 100g

- **아와세된장 あわせ味噌** 적된장 200g, 백된장 100g, 설탕 100g, 청주 200cc,
  달걀노른자 2개 분량

만드는 법

1 분량의 아와세된장 재료를 잘 섞어 원래 된장 농도로 될 때까지 가열한다.

2 구운 두부, 팽이버섯, 쪽파, 참나물은 적당한 크기로 썬다.

3 먹는 방법 : 질냄비 안쪽 면에 **1**의 아와세된장을 넓게 펴 바른 후 중앙에
  다시(분량 외)를 조금씩 붓는다. 재료를 모두 넣어 끓인 후 안쪽 면에 발
  라놓은 된장을 조금씩 풀어가며 먹는다.

寿司

스시

스시(寿司)는 일본을 가장 대표하는 요리이다. 스시의 종류는 니기리즈시(握り寿司), 마키즈시(巻き寿司), 지라시즈시(ちらし寿司), 하코즈시(箱寿司), 오시즈시(押し寿司) 등으로 다양하나 일반적으로는 에도마에(江戸前)를 대표하는 쥠스시(니기리즈시 : 握り寿司)가 가장 대표적이다.

스시용 밥 しゃり

재료(4인분)

쌀 1.4kg, 물 2000cc (쌀 분량의 10%를 더함), 다시마(5cm) 1장
- **초밥초 [일반적인 분량(후쿠오카, 관서)]** 쌀식초(米酢) 200cc, 설탕 150g, 미림 15cc, 소금 50g
- **초밥초 [관동 쪽 분량(에도마에)]** 쌀식초(米酢) 200cc, 설탕 70g, 소금 40g

만드는 법

1 작은 냄비에 분량의 초밥초 재료를 모두 넣고 불에 올린다. 끓지 않도록 주의하며 주걱으로 저어서 설탕과 소금을 녹인다.

2 스시오케(寿司桶)는 젖은 행주로 닦아 충분히 물에 적신다.

3 다시마를 넣어 밥을 한 후 섞지 않고 바로 스시오케에 쏟는다. 이때, 다시마는 건져낸다.

4 뭉친 밥알을 나무주걱으로 살살 풀어준다.

5 **1**의 초밥초를 나무주걱에 부어 밥 위에 골고루 펼쳐 뿌린다.

6 초밥초가 밥에 스며들도록 밥을 풀어준다.

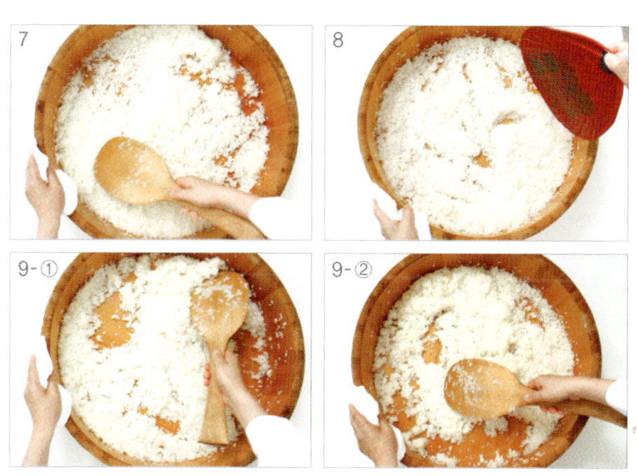

7 초밥초가 충분히 스며들면 밥을 넓게 펼친다.

8 부채로 밥의 표면이 식도록 부쳐준다.

9 밥의 표면이 식으면 나무주걱을 이용해 전체적으로 밥을 뒤집어준다. 이때, 나무주걱으로 밥을 자르는 듯이 섞어준다.

10 과정 **7~9**를 3회 반복한다. 이때, 밥에 끈기가 생기지 않도록 주의한다.

11 밥을 손가락으로 찔렀을 때 체온 정도의 온도로 식었으면 스시오케 한 켠에 몰아둔다.

12 물기를 짠 거즈를 덮어두거나 보온통에 담아 밥이 마르는 것을 방지한다.

Cooking tip

• 본래는 관서와 관동에서 사용하는 초밥초의 종류가 다른데 여기
  서는 일반적인 초밥초를 사용해 만들어본다.

にぎり寿司

니기리즈시

재료(4인분)

도미 80g, 참치붉은살 80g, 새우 4마리, 오징어 80g, 전어 4마리, 붕장어 80g, 참치대뱃살80g, 피조개 4개,
방어 80g, 성게알 60g, 연어알 60g, 달걀말이 1/2개, 김 1장, 와사비 약간, 소금 약간

- **전어단촛물** 설탕 40g, 식초 400cc
- **니키리간장** 煮きり醬油 (스시를 찍어 먹는 간장) 미림 200cc, 진간장 1800cc
- **도사조유** 土佐醬油 (은빛 색깔 생선용) 미림 200cc, 간장 1800cc, 다시마 1장, 가다랑어포 25g

도미 たい

참치대뱃살 とろ

참치붉은살 あかみ

방어 ぶり

붕장어 あなご

전어 このしろ

새우 えび

피조개 あかがい

오징어 いか

연어알 いくら

성게알 うに

달걀 たまご

만드는 법

• 재료 손질

1 새우는 꼬리에서부터 대나무꼬치를 끼워 꼿꼿하게 편 후
   뜨거운 물에 데친다. 찬물에 담가 식힌 후 껍질을 제거하
   고 배에 칼집을 넣어 넓게 펼친다.

2 참치붉은살, 도미, 방어, 참치대뱃살, 붕장어, 오징어는
   5mm 두께로 포를 뜬다.

3 전어는 머리, 내장, 비늘을 깨끗이 제거한 후 배에 칼집을
   넣어 넓게 펼쳐 뼈와 살을 분리한다. 손질한 전어에 소금
   을 뿌린 후 전어단촛물에 담가둔다. 맛이 스며들면 단촛물
   에서 꺼내어 껍질 쪽에 칼집을 넣는다.

4 피조개는 껍데기에서 살을 분리한 후 내장을 제거하고 소
   금으로 문질러 씻는다. 칼집을 넣는다.

5 달걀말이를 만든다.

• 초밥 만들기

1 초밥을 쥐기 전에 재료와 스시용 밥, 와사비, 그리고 데즈를 준비한다.

2 오른손 중지에 데즈를 살짝 묻혀 왼쪽 손바닥에 바른 후 오른손으로 스시용 밥 1인분(13g)을 가볍게 둥글리는 모양으로 쥔다.

3 왼손은 엄지와 검지손가락으로 재료 끝부분을 잡고 재료가 위로 향하도록 왼쪽 손바닥 위에 얹는다.

4 스시용 밥을 쥐고 있는 오른손의 검지손가락으로 와사비를 찍은 후 왼손에 올려진 재료의 가운데에 바른다.

5 왼손의 재료 위에 스시용 밥을 얹고 왼손의 엄지로 스시용 밥의 가운데 부분을 가볍게 눌러준다.

6 왼손의 엄지와 오른손의 엄지, 중지를 사용해 스시용 밥을 긴 타원형 모양으로 만든다.

7 오른손의 엄지와 중지로 재료가 위로 올라오도록 초밥을 뒤집는다.

8 초밥을 다시 왼손 손가락 마디 위로 옮긴다.

9 오른손 손가락과 왼손을 사용하여 모양을 잡아준다.

10 오른손으로 초밥을 앞뒤로 돌려가며 모양을 잡아준다.

11 달걀말이는 적당한 길이로 썬 후 중간에 칼집을 넣는다. 칼집에 스시용 밥을 넣고 반으로 썬다.

- **데즈 (手酢)** : 스시를 만들 때 밥알이 손에 묻지 않도록 하기 위해 바르는 것이다. 물 1: 식초 0.2, 약간의 소금을 섞어 만든다.
- 초밥을 쥘 때에는 바로 먹는 초밥은 강하게 쥐는 것이 좋고 조금 두었다가 먹는 것은 부드럽게 쥐는 것이 좋다.

절인 고등어 상자초밥(밧테라)

재료(4인분)

고등어(소금에 절인 것) 1마리, 산파 10대, 생강절임 약간, 스시용 밥 400g, 다시마 2장

- **와리스** 割り酢 설탕 30g, 식초 200cc, 다시마 1장, 말린 홍고추 약간
- **밧테라스** バッテラ酢 설탕 120g, 식초 100cc, 간장 100cc

1 고등어는 3장뜨기한 후 소금을 뿌려둔다.

2 2시간 정도 둔 다음 물에 씻은 후 갈비뼈와 가운데 가시를 제거한다.

3 분량의 와리스 재료를 모두 섞은 후 **2**의 고등어를 30분간 담가둔다.

4 분량의 밧테라스 재료를 모두 섞어 가열 후 식힌다.

5 다시마는 동냄비에 넣고 부드러워질 때까지 삶은 후 **4**의 밧테라스에 담가 맛이 배도록 한다.

6 **3**의 고등어는 밧테라 틀에 맞도록 썬 후 틀에 넣는다. 이때, 생선살의 두꺼운 부분은 얇게 저며 두께를 일정하게 맞춘 다음 틀에 넣는다.

7 스시용 밥 100g을 약간 끈기가 생기도록 손으로 주물러 준다.

8 **6**의 틀에 **7**의 스시용 밥을 넣고, 凹모양이 되도록 가운데를 움푹 판다.

9 틀의 길이에 맞게 자른 산파를 가운데에 넣는다.

10 그 위에 스시용 밥을 다시 얹어 산파가 안 보이도록 한다.

11 밧테라 틀의 윗부분을 눌러 모양을 잡아준다.

12 밧테라 틀을 돌려가면서 균일하게 힘을 주어 누른다.

13 밧테라 틀을 거꾸로 뒤집은 후 틀 안의 밥을 뺀다.

14 틀에서 빼낸 스시용 밥 위에 **5**의 조린 다시마를 덮는다.

15 적당한 크기로 자른다.

太巻き

후토마키

재료(4인분)

달걀 8개, 박고지 30g, 시금치 30g, 참나물 1묶음, 김 4장, 스시용 밥 800g

- **채소조림(우엉, 연근, 건표고버섯)** 우엉 50g, 연근 50g, 건표고버섯 50g, 미림 15cc, 진간장 15cc, 기름 15cc, 건표고버섯 불린 물 200cc, 설탕 30g
- **달걀조미료** 다시 50cc, 청주 15cc, 설탕 70g, 미림 약간, 연간장 30cc
- **박고지조림용** 다시 50cc, 설탕 30g, 연간장 15cc, 진간장 15cc
- **소보로** 흰살생선 60g, 청주 50cc, 설탕 30g, 소금 약간, 식용색소(붉은 색) 약간

만드는 법

1 달걀은 볼에 조미료와 함께 풀어준 후 다시마키(다시 달걀말이 참조)와 같은 방법으로 만들어 김발로 모양을 잡는다.

2 우엉, 연근, 물에 불린 건표고버섯은 잘게 다져 기름에 볶은 후 조림국물과 함께 조린다.

3 시금치와 참나물은 삶아 찬물에 식힌다.

4 박고지는 물에 불려 소금으로 씻은 후 끓는 물에서 삶는다. 박고지 조림용 조미료를 끓인 후 박고지를 넣어 조리고 적당한 크기로 썬다.

5 흰살생선은 삶아 찬물에 식힌 후 거즈로 감싸 물기를 제거한다. 분량의 소보로 재료와 함께 보슬보슬하게 볶는다.

6 김발 위에 김을 얹은 후 2cm정도를 남기고 스시용 밥을 넓게 편다. 이때, 가장자리는 조금 두껍게 가운데는 얇게 편다.

7 6의 밥 가운데에 소보로를 한줄로 올린다.

8 그 위에 달걀을 얹은 후 달걀의 위아래로 2를 올린다.

9 박고지와 참나물 순으로 얹고 달걀 위에 소보로를 한 번 더 뿌린다.

10 앞쪽의 밥 끝단과 반대쪽의 밥 끝단이 맞물리도록 말아준다.

11 한 줄을 8등분으로 잘라준다.

 *Cooking tip*

- 여기서는 일반적인 후토마키(太卷き)의 재료를 소개했는데 속재료는 가게나 지역에 따라 천차만별이다.
- 재료를 준비할 때 건표고버섯 불린 물이 부족할 경우 다시를 첨가한다.

細巻き（鉄火巻き、かっぱ巻き）

호소마키(뎃카마키, 갓파마키)

재료(4인분)

- **뎃카마키** 鉄火巻き 스시용 밥 240g, 참치 200g, 와사비 약간, 김 2장
- **갓파마키** かっぱ巻き 스시용 밥 240g, 오이 1개, 와사비 약간, 김 2장

만드는 법

• 뎃카마키

1 손질한 참치살은 적당한 길이로 썬 후 1cm 두께의 사각형
   모양으로 썬다.

2 김을 반으로 자른다.

3 김발 위에 김을 얹고 앞쪽을 1cm정도 남긴 후 스시용 밥
   을 올려 넓게 편다.

4 스시용 밥 가운데에 와사비를 바르고 그 위에 참치를 올린다.

5 후토마키와 같은 방법으로 돌돌 만 후 한 줄을 6등분으로
   썬다.

• 갓파마키

1 오이는 적당한 길이로 썬 후 세로로 4등분한다(갓파마키
   한 줄 당 오이 1/4개 사용).

2 김을 반으로 자른다.

3 김발 위에 김을 얹고 앞쪽을 1cm정도 남긴 후 스시용 밥
   을 올려 넓게 편다.

4 스시용 밥 가운데에 와사비를 바르고 그 위에 오이를 올린다.

5 후토마키와 같은 방법으로 돌돌 만 후 한 줄을 6등분으로
   썬다.

Cooking tip

- 뎃카마키의 뎃카(鉄火)는 붉은 생선이 빨갛게 달구어진 철처럼 보인다
  하여 붙여진 이름이다.
- 갓파마키는 전설상의 생물인 갓파(かっぱ)가 좋아한다고 해서 붙여진
  이름이라는 설이 있다.

ちらし寿司

지라시즈시

새우 4마리, 오징어 1마리, 산초잎 8장, 붕장어 40g, 잿방어(뱃살) 40g, 도미 40g, 피조개 2개, 달걀말이 1/8개, 참치대뱃살 40g, 연어알 50g, 오이 1개, 소보로(후토마키 참조) 50g, 스시용 밥 150g

- **채소조림(우엉, 연근, 건표고버섯)** 200g(후토마키 참조)
- **우스야키** 薄焼き 달걀 2개, 설탕 30g, 연간장 5cc
- **붕장어조림지** 물 2000cc, 청주 100cc, 설탕 300g, 미림 100cc, 진간장 200cc

만드는 법

1 새우는 꼬치에 꽂고 오징어는 칼집을 넣는다. 각각 데친 후 단촛물에 담가둔다.

2 붕장어는 밑손질 후 조림지에 넣어 조린다.

3 소보로, 달걀말이, 채소조림은 후토마키와 같은 방법으로 만든다.

4 피조개는 껍데기에서 살을 분리한 후 내장을 제거하고 소금으로 문질러 씻은 다음 칼집을 넣는다.

5 참치대뱃살, 도미, 잿방어는 5mm 두께로 썬다.

6 그릇에 스시용 밥을 담고 채소 조림을 그 위에 고르게 얹어준다.

7 6의 위에 재료를 예쁘게, 고르게 얹어준다.

Cooking tip

- 지라시즈시(ちらし寿司)는 2종류가 있다. 해산물을 중심으로 하는 재료를 스시용 밥 위에 올려 장식한 것과 해산물과 채소 등의 재료를 잘게 썰어 밥과 섞은 것이 있다.

そば・うどん

소바·우동

소바(蕎麥)는 메밀을 뜻하는 말로 메밀가루를 사용해 만든 일본의 대표적인 면요리이다. 일본에는 '소바 75일'이라는 말이 있는데 메밀의 수확기간이 그만큼 짧다는 것을 뜻한다. 소바는 단백질, 비타민B, 섬유소 등의 영양소가 풍부한 요리이다. 특히 맛있는 소바를 만드는 기본을 3타테(3たて)라고 하는데 이는 소바를 제분하자마자 바로 사용하는 히키타테(挽きたて), 그 가루를 반죽해서 바로 삶는 우치타테(打ちたて), 그리고 삶은 소바면을 곧바로 먹는 유데타테(茹でたて)를 가리키는 말이다.

우동(うどん)의 역사는 소바보다 약 800년이나 앞선다. 우동의 맛은 씹는 맛과 목넘김에 있다고 아는데, 이는 우동면을 반죽할 때 소금물을 넣는 것에서 결정된다. 반죽에 소금을 넣게 되면 글루텐이 보다 끈기 있게 형성되어 쫄깃한 식감을 더해주게 되는 것이다.

소바면 반죽법 そばの手打ち

재료(4인분)
메밀가루 800g, 밀가루(중력분) 200g, 물 450∼500g, 소바면 1인분 130g

I. 수타(手打ち)

1 메밀가루와 밀가루를 골고루 섞은 후 물을 조금씩 넣어가며 손가락을 벌려 부드럽게 섞는
  다. 이때, 가루 사이사이에 물입자가 들어갈 수 있도록 한다. 가루를 손으로 비벼준다. 가
  루가 촉촉해지면 양손을 계속 저어가며 작은 덩어리에서 큰 덩어리로 뭉쳐준다. 이 과정을
  미즈마와시(水回し)라고 한다.

2 미즈마와시 과정이 끝난 반죽을 눌러가면서 주무르는데 손바닥으로 반죽 가운데의 공기
  를 빼내듯이 눌러가며 반죽을 돌린다. 이 과정을 구쿠리(くくり)라고 한다(반죽 표면이 국
  화꽃 모양과 비슷하다고 하여 기쿠네리(菊練)라고도 부른다).

3 구쿠리 과정이 끝난 반죽은 중심으로 모아 다시 옆으로 눕혀 돌리면서 원뿔형으로 만든
  다. 이 과정을 헤소다시(へそ出し)라고 한다.

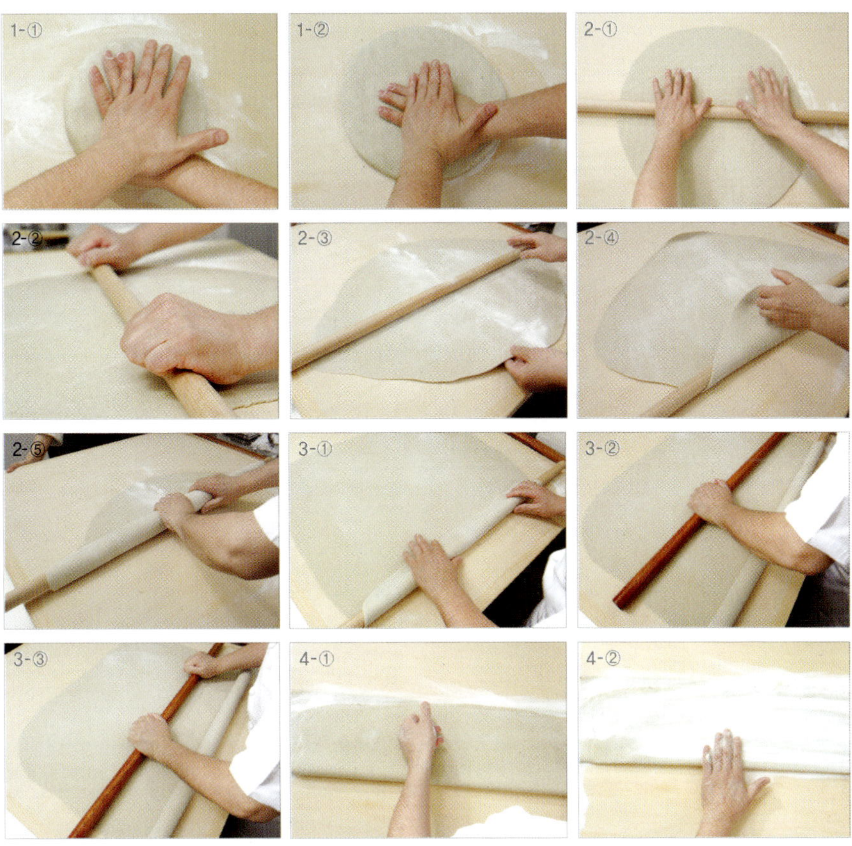

1 혜소다시 과정을 마친 반죽을 넓은 전용 조리대로 옮겨서 중심 부분을 손바닥으로 눌러가며 둥글고 얇게 편다. 중간중간 밀가루를 뿌려준다. 이 과정을 마루다시(丸出し) 라고 한다.

2 마루다시 과정이 끝난 반죽은 밀대를 사용해 사각형 모양으로 늘인다. 이 과정을 요츠다시 (四つ出し) 라고 한다.

3 요츠다시 과정이 끝난 반죽은 너비를 유지하면서 옆으로 길게 늘인다. 밀대를 2개 사용하여 두께가 일정하도록 밀어준다. 이때, 손 모양은 고양이 손 모양으로 만들어 밀대를 잡은 후 두 께가 일정하도록 네 방면으로 돌려가며 늘여준다. 이 과정을 혼노바시(本延ばし) 라고 한다.

4 반죽이 길기 때문에 자르기 쉽도록 접어준다. 이 과정을 다타미(疊み) 라고 한다.

Ⅲ. 썰기 (包丁)

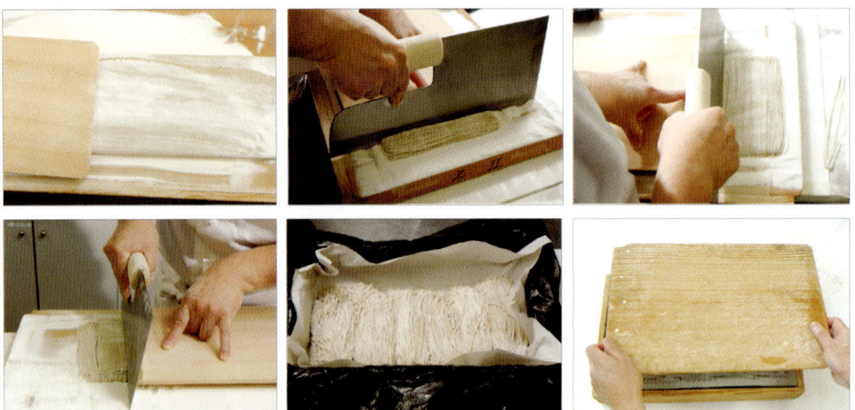

1 접은 반죽에 밀가루를 넉넉히 뿌린 후 반죽 위 왼쪽에 나무판을 댄다. 칼은 왼쪽으로 85°로 약간 기울여 1~2mm정도의 두께로 빠르고 일정한 속도로 잘라준다.

2 불필요한 가루를 털어내고 면이 마르지 않도록 뚜껑이 있는 용기에 와시(和紙 : 일본 전통종이)를 덮어 보관한다.

Ⅳ. 삶기 (茹で方)

1 큰 냄비에 물을 가득 넣고 끓으면 소바를 넣는다.

2 소바는 익는 속도가 빠르고 소화도 잘 되기 때문에 20~30초 정도, 밀가루가 들어간 소바도 40초~1분 정도 삶는 것이 기본이다.

3 삶은 소바는 찬물에 씻어 전분기를 확실히 씻어낸 후 얼음물에 담가 면에 탄력을 준다. 차가운 소바로 먹을 때에는 그대로 사용하고 따뜻한 소바로 먹을 때에는 얼음물에 한 번 씻은 후 살짝 데워 그릇에 담는다.

우동면 반죽법 うどんの手打ち

재료(4인분)

밀가루(중력분) 1000g, 소금물 460cc(물 450cc, 소금 50g), 밀가루 약간

I. 미즈마와시(水回し) : 가루와 물을 섞음

1 볼에 물과 소금을 넣고 소금을 완전히 녹인다. 우동면 반죽에 사용되는 물은 가루 양의
   46%가 적당하다.

2 크고 움푹한 볼에 밀가루를 넣고 1의 소금물을 골고루 뿌린다. 도마뱀 발 모양으로 손가
   락을 만든 후 물과 잘 섞는다.

3 가루 입자에 수분이 충분히 들어가도록 손으로 비벼준다.

4 가루가 촉촉해지면 양손을 계속 저어가며 작은 덩어리에서 큰 덩어리로 뭉쳐준다.

Ⅱ. 밟기(踏み) : 우동 반죽은 딱딱하므로 다리의 힘을 빌린다.

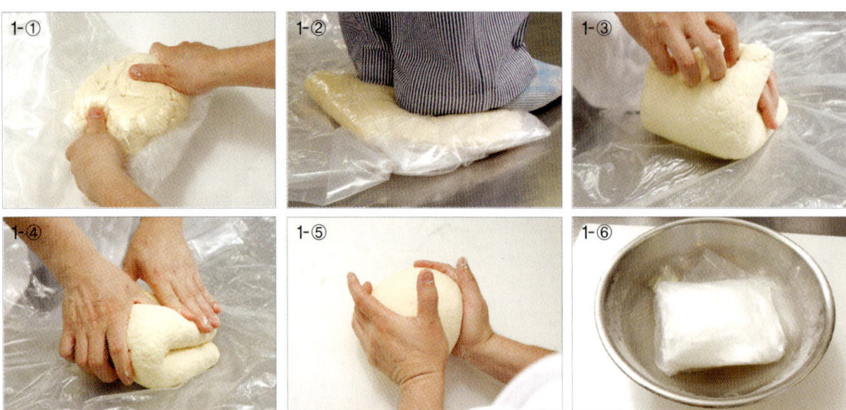

1 둥글게 만든 반죽을 비닐에 싼 후 발로 힘주어 밟는다. 늘어나면 다시 반으로 접어 밟고 1 시간 숙성시켰다가 다시 밟는 작업을 3회 반복한다. 반죽의 표면이 부드러워지면 둥글게 빚어 비닐에 싼 후 12시간 숙성시킨다.

2 숙성된 반죽을 깔끔한 원 모양이 되도록 밟아서 펴준 후 비닐을 벗긴다.

Ⅲ. 늘이기(延ばし)

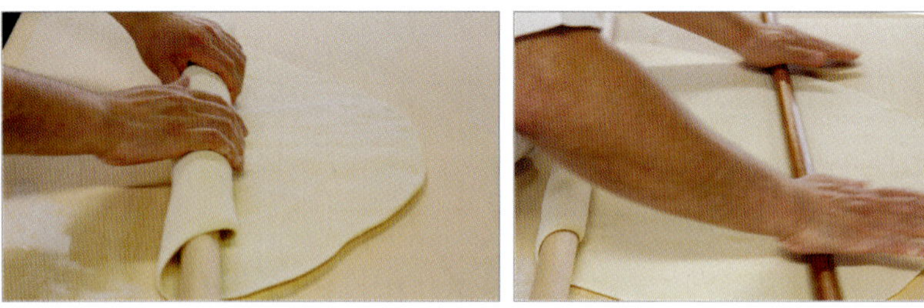

1 반죽은 밀대를 사용하여 조금씩 펴준다.

2 어느 정도 늘어나면 밀대에 감아 말면서 밀고 두꺼운 곳은 밀대로 누르듯이 밀어편다. 넓게 펼쳐지면 밀대를 사용해 두께를 균일하게 만든다. 네 방향으로 늘여준다.

Ⅳ. 썰기(畳み、切り)

1 얇게 늘인 반죽에 밀가루(분량 외)를 뿌려 썰기 편한 너비로 접는다.

2 두께감이 있도록 칼에 체중을 실어 수직으로 면을 썬 후 자른 단면이 붙지 않도록 바로 흩어놓는다.

V. 삶기(茹で)

1 큰 냄비에 물을 가득 부어 준비한다. 400g 면을 삶을 때 필요한 물의 양은 5ℓ 정도이다.

2 물이 끓으면 면이 서로 붙지 않도록 흩어가며 넣는다. 가끔 젓가락으로 면을 풀어가며 12~15분간 삶는다.

3 다 삶아진 면은 건져내 찬물에 헹궈 전분기를 충분히 제거한 후 얼음물에 담가 쫄깃함을 살려준다. 차가운 우동의 경우 그대로 그릇에 담고 뜨거운 우동의 경우에는 살짝 데워서 낸다.

 *Cooking tip*

- 면을 삶는 물이 적으면 우동에 들어 있는 소금기가 빠지지 않아 짠 맛이 강해지므로 충분한 분량의 물에 삶는 것이 중요하다.
- 삶는 도중에는 물을 추가하지 않는다.

〈소바·우동을 만들 때 사용하는 도구〉

① 작은 도마(こま板 : 고마이타), 도마(まな板 : 마나이타) 소바·우동 반죽을 썰 때 사용한다.

② 소바 자르는 칼(そば切り包丁 : 소바키리 보쵸) 소바 반죽을 썰 때 사용한다.

④ 늘임 봉(延し棒 : 노시 보) 소바·우동 반죽을 얇고 넓게 늘일 때 사용한다.

⑤ 반죽말이 봉(巻き棒 : 마키 보) 소바·우동 반죽이 어느 정도 넓게 펴져 더이상 늘이기 힘들 때 사용한다.

⑥ 체(粉ふるい : 고나 후루이) 소바가루나 밀가루를 체 칠 때 사용한다.

⑦ 손 빗자루(手ほうき : 데호키) 도마 위의 여분의 가루를 제거할 때 사용한다.

⑧ 가루 두께 재는 자(粉引き : 고나히키) 반죽을 썰 때 아래에 깔린 밀가루의 두께를 일정하게 하기 위해 사용한다.

* ⑧은 상점에서 파는 것은 아니며 일을 능률적으로 하기 위해 개인적으로 만든 것이다.

가에시 かえし

- **가에시의 종류**

  - 혼카에시(本かえし) : 간장을 가열한 것

  - 나마카에시(生かえし) : 간장을 가열하지 않은 것

  - 한나마카에시(半生かえし) : 가열한 것과 가열하지 않
                             은 것을 섞은 것

재료(4인분)

- **자루카에시** ざる返し 간장 1800cc, 굵은 각설탕 350g, 미림 400cc
- **동카에시** 丼返し 백설탕 500g, 미림 400cc, 연간장 250cc,
                       진간장 1250cc

만드는 법

- **자루카에시 (ざる返し)**

1 간장을 데운다.

2 따뜻해지면 굵은 각설탕을 넣고 타지 않도록 천천히
   저어가며 설탕을 녹인다.

3 끓으면 미림을 넣고 한 번 더 끓인 후 불을 끈다.

- **동카에시 (丼返し)**

1 간장을 데운다.

2 전체적으로 따뜻해지면 백설탕을 넣고, 타지 않도록
   천천히 저어가며 설탕을 녹인다.

3 끓으면 미림을 넣고 한 번 더 끓인 후 불을 끈다.

Cooking tip

- 가에시는 간장과 설탕을 섞은 것으로, 만들어서 바로 사용하는
  것보다는 숙성시켜 사용하는 것이 맛이 한층 더 좋아진다.

시라다시 白だし

재료(4인분)
물 5400cc, 다시마 20g, 고등어포 100g, 가다랑어포 100g

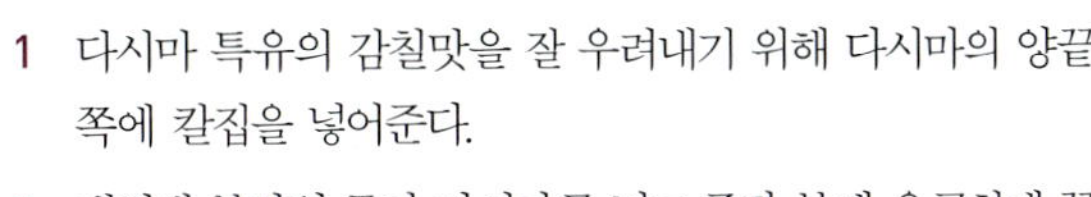

Cooking tip

- 오랜 시간 끓이기 때문에 1800cc는 증발한다.
- 다시의 맛은 끓이는 도중 계속 변하기 때문에 도중에 맛을 보면서 불을 끄고 걸러내는 타이밍을 놓치지 않도록 하는 것이 중요하다.
- 소바나 우동 다시는 감칠맛을 강하게 하기 위해 고등어포나 가다랑어포를 사용해 육수를 진하게 뽑는다.

1. 다시마 특유의 감칠맛을 잘 우려내기 위해 다시마의 양끝 쪽에 칼집을 넣어준다.

2. 냄비에 분량의 물과 다시마를 넣고 중간 불에 은근하게 끓인다.

3. 물의 온도가 80℃ 정도가 되고 다시마를 손톱으로 눌러봐서 부드럽게 들어가면 다시마는 건져낸다. 이때, 물이 끓지 않도록 주의해야 한다.

4. 한 번 더 끓인 후 고등어포를 넣고 떠오르는 거품을 제거하면서 5~6분간 중간 불에서 끓인다.

5. 고등어 특유의 비린내가 없어지면 가다랑어포를 넣고 불을 약하게 줄인 다음 떠오르는 불순물을 걷어내며 천천히 맛을 우려낸다.

6. 5분 간격으로 맛을 보며 국물에 부드러운 단맛이 느껴지면 불에서 내린다.

7. 6을 면 보자기에 거른다.

자루소바 ざるそば

재료(4인분)

소바면 400g

- **자루다시** ざる出し 시라다시 : 자루카에시 = 3 : 1
- **야쿠미** 薬味 파 약간, 와사비 약간, 김 약간, 간 무 약간

만드는 법

1 소바는 삶아 얼음물에 식힌 후 한입 크기로 그릇에 담는다.

2 분량의 비율로 시라다시와 자루카에시를 섞어 자루다시를 만든다.

3 먹는 방법 : 소바 그릇에 다시를 넣고 면을 다시에 살짝 담가서 먹는다. 기호에 따라 파, 와사비 등을 함께 곁들인다.

오로시소바 おろしそば

재료(4인분)

소바면 400g, 간 무 200g, 가다랑어포 40g, 파 약간, 흰깨 약간, 김 약간,
무순 약간
- 자루다시 **ざる出し** 시라다시 : 자루카에시 = 3 : 1
- 아마다시 **甘だし** 시라다시 : 동카에시 = 4 : 1

만드는 법

1   소바는 삶아 찬물에 씻은 후 수분을 제거해 그릇에 담는다.

2   1의 소바 위에 간 무, 채썬 파, 가다랑어포, 흰깨, 김, 무순을 올린다.

3   분량의 비율로 섞어 자루다시와 아마다시를 만든다.

4   기호에 따라 자루다시나 아마다시를 뿌려 먹는다.

 *Cooking tip*
- 토핑으로 매실이나 낫토(納豆), 맛버섯 등을 사용하는 경우도 있다.

오리고기 난반소바

鴨南蛮そば

재료(4인분)

소바면 400g, 오리고기 16장, 대파(6cm) 4줄기, 산초가루, 가케다시 약간
- **가케다시** かけ出し 시라다시 1800cc, 설탕 10g, 연간장 125cc, 동카에시 20cc

만드는 법

- **가케다시**

1 냄비에 가케다시 분량의 재료를 모두 넣고 끓인 후 설탕이 녹으면 불에서 내린다.

2 대파는 두껍게 채 썬다.

3 오리고기는 얇게 썬 후 가케다시에 넣어 익힌다.

4 소바는 삶는다.

5 그릇에 삶은 소바, 손질한 대파와 오리고기를 담고 가케다시를 부어 완성한다.

오리고기 츠케소바
つけ鴨せいろ

재료(4인분)

소바면 400g, 오리고기 16장, 전분 약간
파(흰 부분, 6cm) 4대,
산초가루 약간, 시금치 1/4묶음
와사비 약간

● **츠케카모지루** つけ鴨汁
아마다시 900cc
자루다시 700cc

만드는 법

1 분량의 아마다시와 자루다시를 섞어 츠케카모지루를 만든다.

2 오리고기는 얇게 썰어 칼로 살짝 두들긴다.

3 **2**의 오리고기에 전분을 묻힌 후 **1**의 츠케카모지루에 넣어 익힌다.

4 파는 적당한 크기로 썬 후 **3**에 넣어 익힌다.

5 소바는 삶고, 시금치는 데친다.

6 **4**를 그릇에 붓고 기호에 따라 산초가루를 뿌린다. 삶은 소바는 그릇에 담아낸다.

Cooking tip

● 츠케카모(つけ鴨) : 자루소바를 따뜻한 오리고기를 넣은 자루다시에 찍어 먹는 것을 말한다.

기츠네우동 きつねうどん

재료(4인분)

우동면 400g, 유부 4장, 쪽파 4대, 시치미 약간

- **유부 조림국물** 다시 300cc, 청주 35cc, 미림 15cc, 설탕 30cc, 진간장 30cc
- **가케다시 かけ出し** 시라다시 1800cc, 설탕 10g, 연간장 125cc, 동카에시 20cc

만드는 법

1 유부는 끓는 물에 삶은 후 분량의 조림 국물에 조린다.

2 쪽파는 잘게 썬다.

3 냄비에 가케다시 분량의 재료를 모두 넣고 끓인 후 설탕이 녹
   으면 불에서 내린다.

4 삶은 우동을 그릇에 담고 가케다시와 1, 2를 그릇에 담는다.

Cooking tip

- 기츠네(きつね)는 유부를 뜻한다.

카레우동 カレーうどん

재료(4인분)

우동면 400g, 닭고기 100g,
양파 100g, 쪽파 2대

가케다시 かけ出し
시라다시 1800cc, 설탕 10g,
연간장 125cc, 통카에시 20cc

카레다시 루 カレー出し汁
밀가루120g, 카레가루 80g,
전분 100g, 설탕 30g

카레다시 カレー出し
카레다시 루 20g, 가케다시 320cc,
자루다시 30cc

만드는 법

• 가케다시

1 냄비에 분량의 재료를 모두 넣고 끓인 후 설탕이 녹으면 불에서 내린다.

• 카레다시 루

1 밀가루를 제외한 모든 재료는 체 친다.

2 밀가루는 팬에 볶은 후 식힌다.

3 1과 2를 섞은 후 1인분(20g)씩 계량한다.

• 카레다시

1 가케다시 50cc, 자루다시(오로시소바 참조) 30cc에 카레다시 루 20g을 넣고 잘 풀어둔다.

2 1에 가케다시 270cc를 섞는다.

3 닭고기와 양파, 쪽파는 한입 크기로 썬다.

4 3을 2에 붓고 가열한다. 닭고기가 다 익으면 삶은 우동을 넣고 불을 끈다.

5 그릇에 담은 후 잘게 썬 쪽파를 올려낸다.

복어

복어에는 여러 종류가 있지만, 그중에서도 자주복(とらふぐ : 도라후구)은 담백한 맛이 일품인 고급 생선이다. 그러나 내장과 간, 난소에 사람에게 치명적인 맹독이 있어 잘못 손질된 복어를 먹게 되면 죽음에 이를 수도 있다.

일본의 옛 속담 중에 'ふぐは食いたし、命は惜しし : 복어를 먹고 싶으나 목숨이 아깝구나'라는 말이 있듯이 복어의 그 절묘한 맛을 본 댓가로 생명을 잃는 일도 종종 발생한다. 때문에 일본에서는 복어 요리 전문 자격시험을 실시하고 있으며 자격증이 없는 조리사는 복어를 취급할 수 없다.

이 장에서는 무엇보다도 중요한 복어의 손질법부터 복어회, 냄비 요리, 튀김, 구이, 죽까지 다양한 복어 요리에 대해 알아본다.

복어 손질법 ふぐの卸し方

I. 복어 밑손질

1 복어 지느러미(등, 배, 가슴)를 잘라낸다.

2 생선의 입과 눈 사이의 양쪽에 칼집을 넣는다.

3 코끝 조금 아랫부분에 칼날을 올린 후 위에서 아래로 잘라준다.

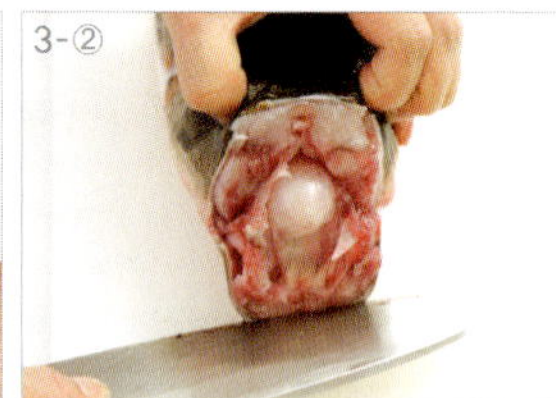
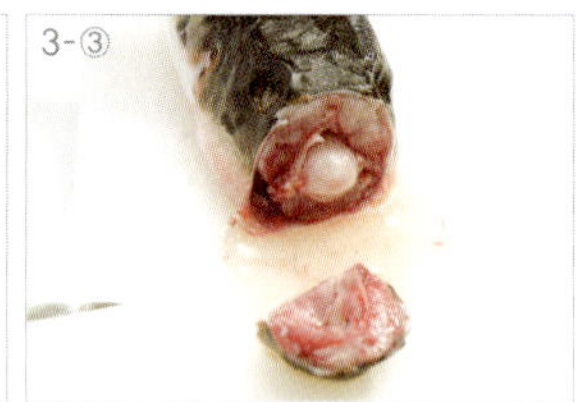

4 생선 앞 이빨 사이에 칼을 넣어 자른 다음 펼쳐 안쪽의 점막을 제거해준다.

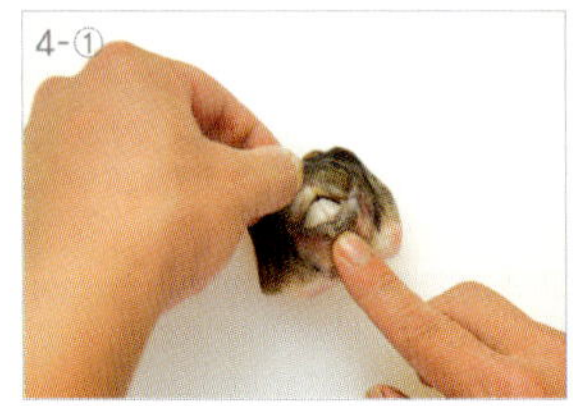
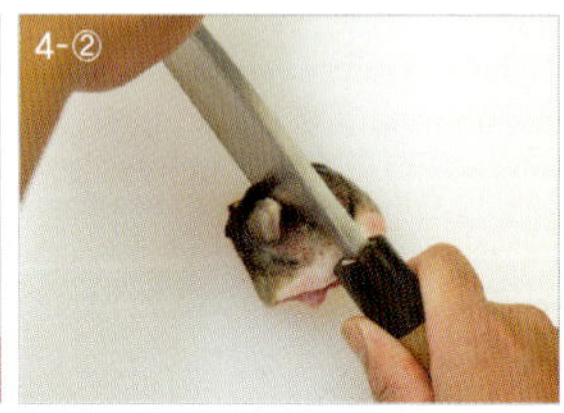
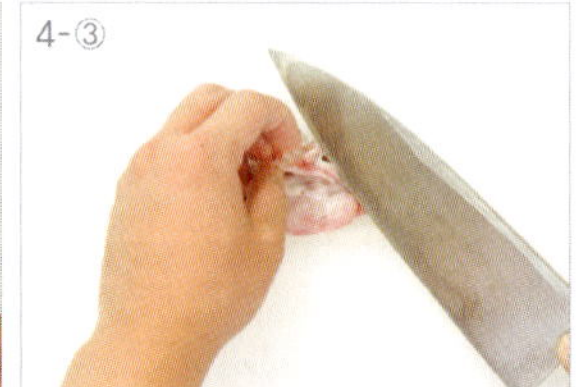

5 복어를 옆으로 눕힌 후 가슴지느러미에서 꼬리방향으로 칼날을 위로 세워 껍질에 칼집을 깊게 넣는다. 반대쪽도 동일한 방법으로 칼집을 넣는다.

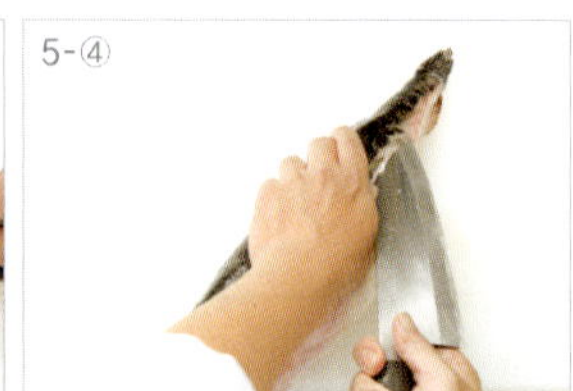

6 꼬리에서부터 머리 쪽을 향하여 칼집을 넣어 등껍질과 살을 분리한다.

 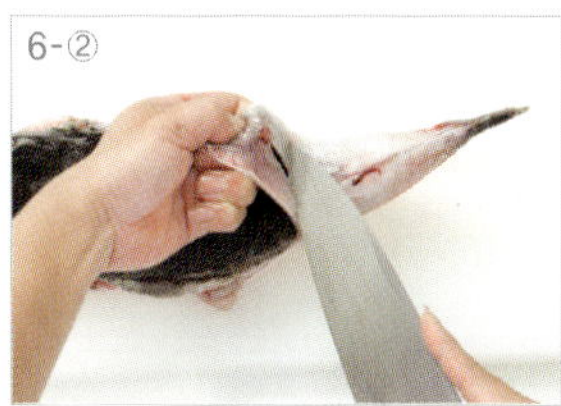 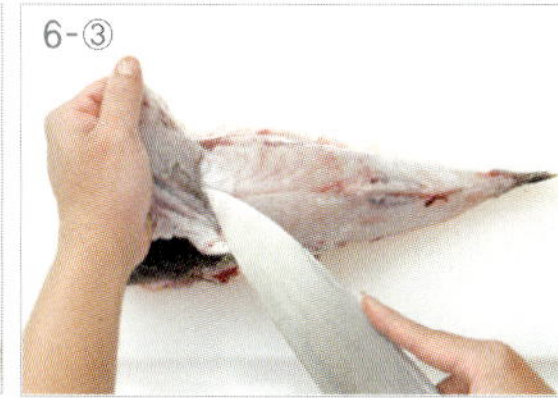 

7 배껍질도 등껍질과 동일한 방법으로 벗기되 항문 부분에서 내장이 같이 딸려 나오지 않도록 확실히 잘라준다. 칼로 꼬리를 누른 상태에서 껍질을 단번에 왼쪽으로 당겨 벗겨준다.

 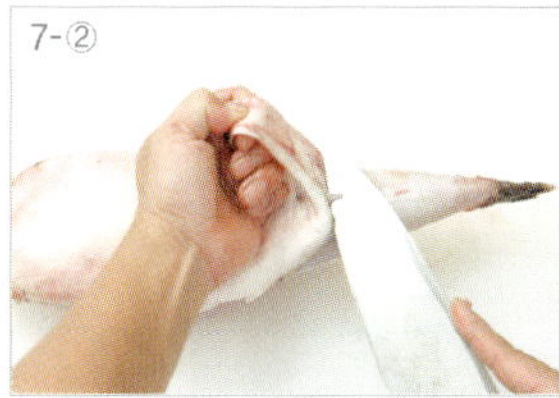  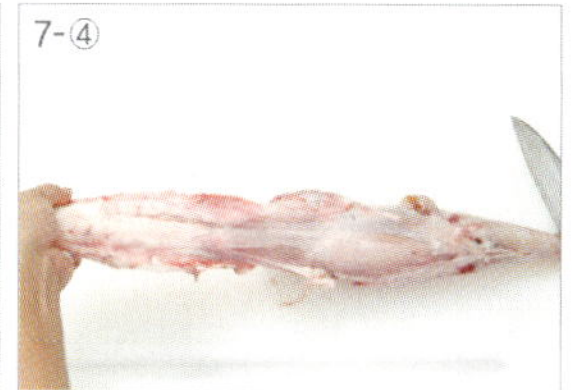

8 조리사의 몸쪽으로 머리가 오도록 도마에 얹은 후 오른쪽의 작은 턱뼈, 큰 턱뼈 두 곳에 칼집을 넣는다. 반대쪽도 동일한 방법으로 칼집을 넣는다.

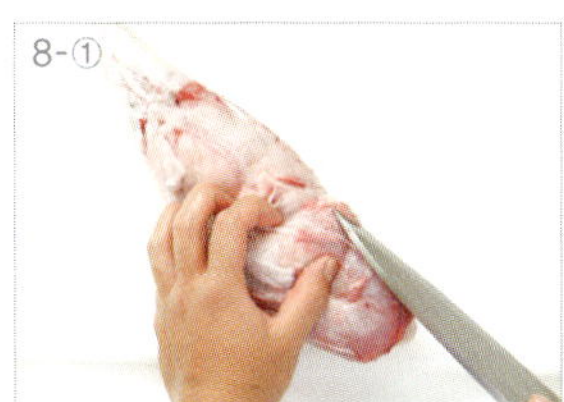 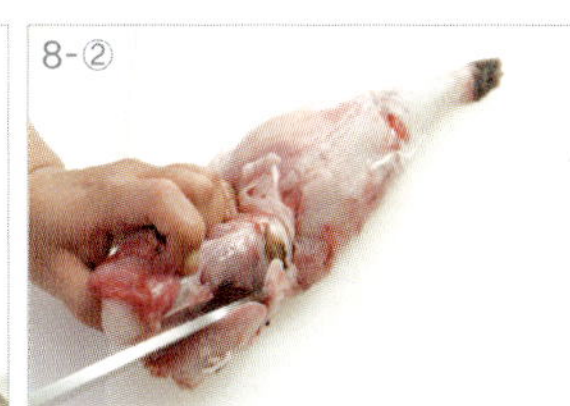 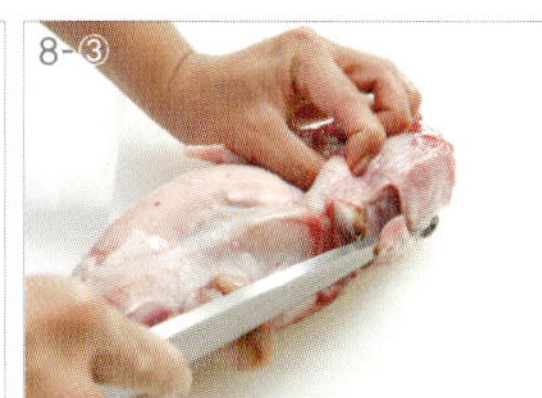 

9 머리와 협골, 협골과 살을 연결하는 두 곳에 칼집을 넣어 분리한다.

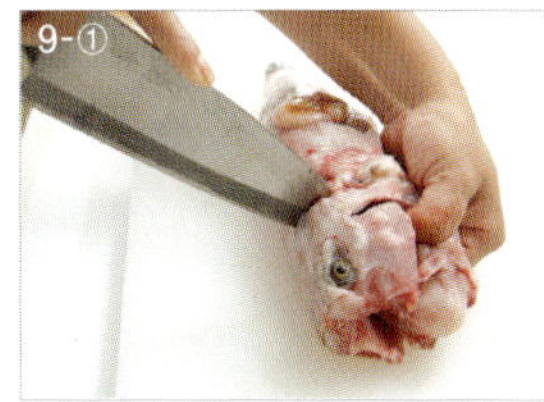 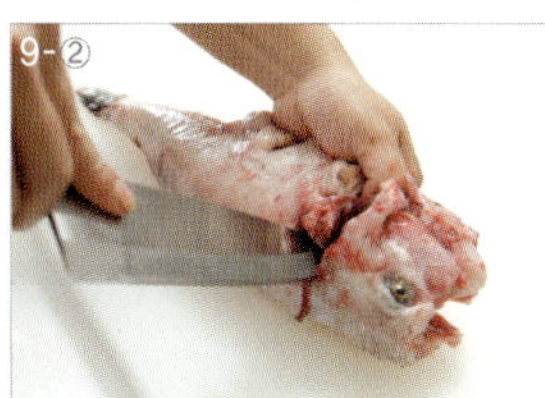 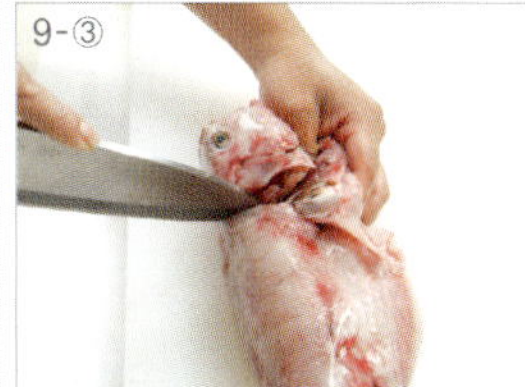 

10 머리에 붙어 있는 아가미의 연결부위에 칼을 넣고 머리를 잡은 상태에서 내장을 왼쪽으로 한 번에 잡아 당긴다. 마지막 연결 부분은 칼로 자른다.

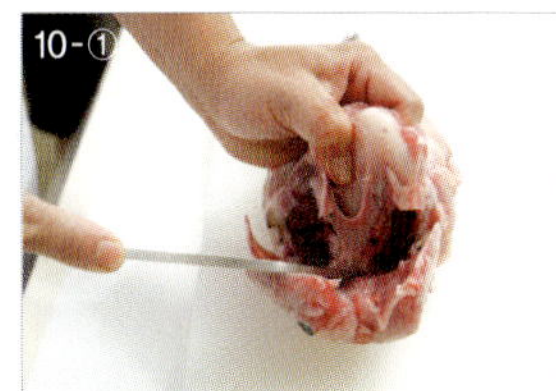 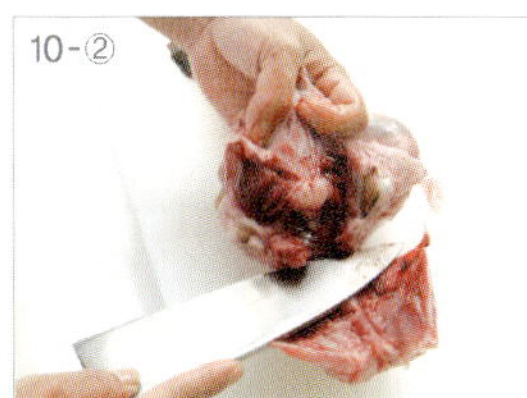 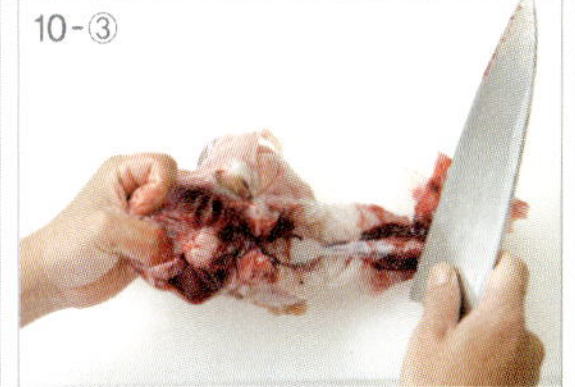 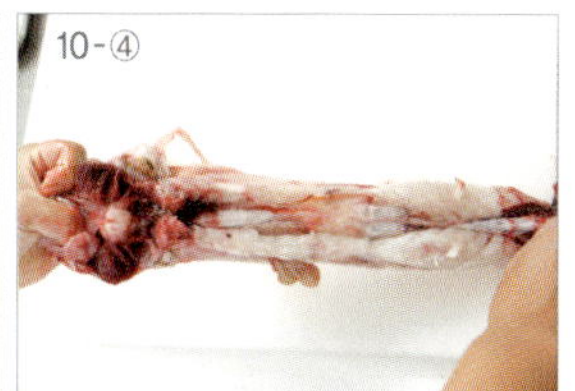

11 눈알은 칼 끝을 사용해 잘라낸다.

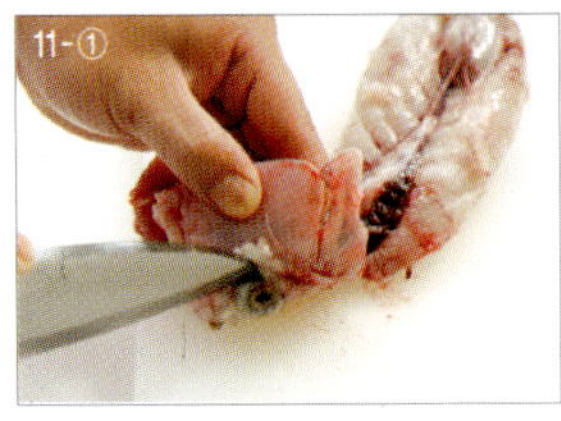 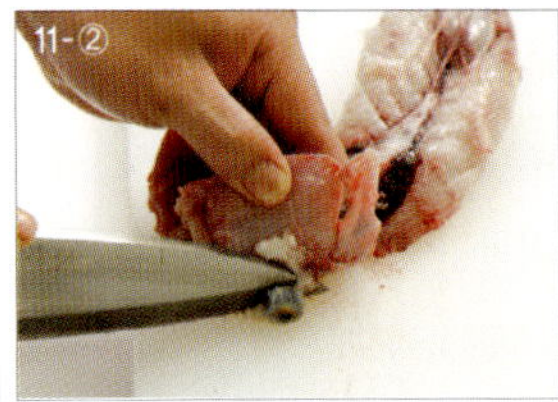

12 아가미의 연결 부분을 분리한 후 얇은 막에 칼집을 내어 손가락을 넣고 내장을 떼어낸다.

13 머리와 살의 연결 부분을 자르고 점막이나 내장이 남아 있지 않도록 깨끗이 씻어준다.

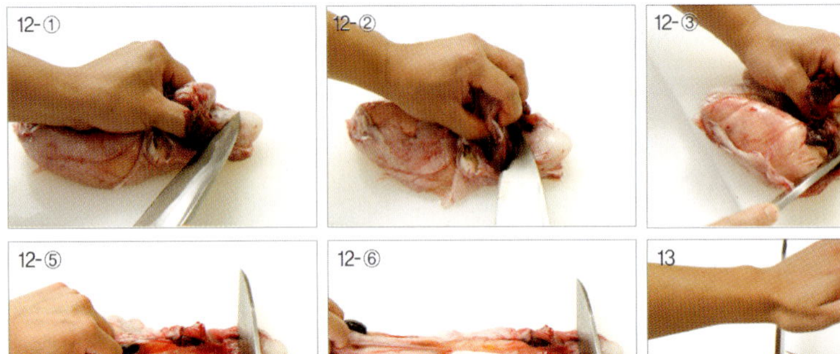 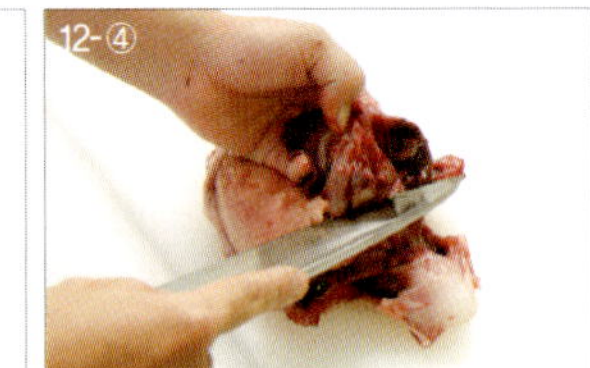

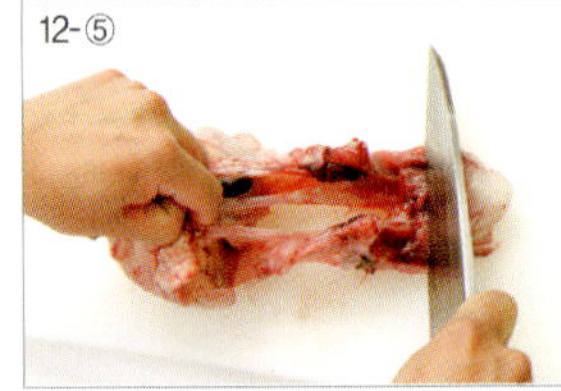 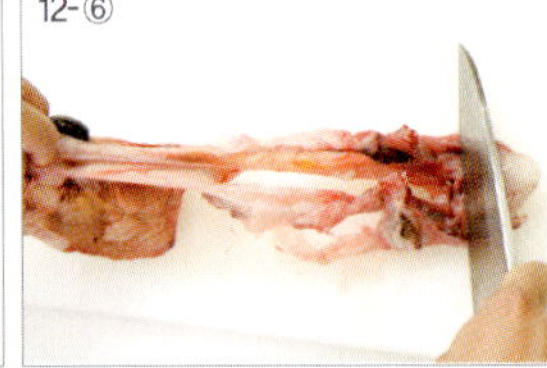 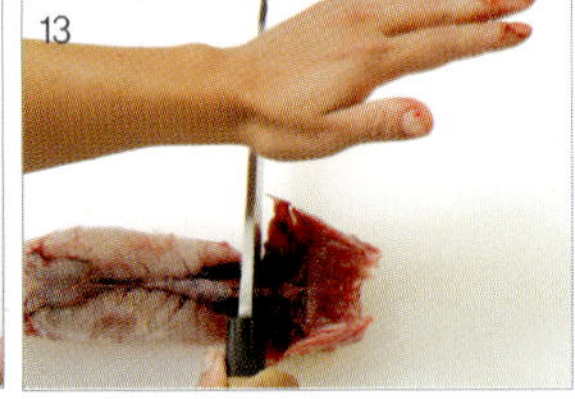

14 몸통에 있는 배꼽살은 양쪽으로 칼집을 넣어 잘라낸다.

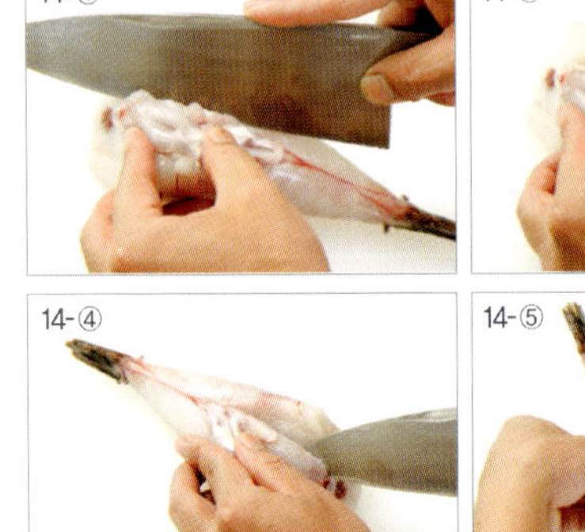 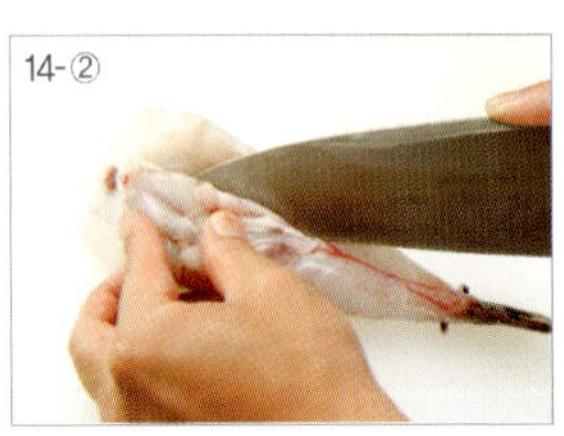 

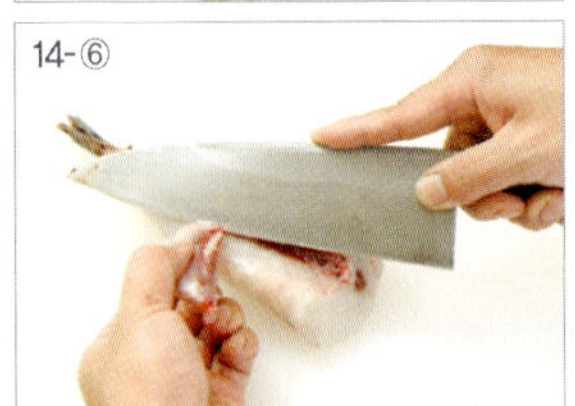 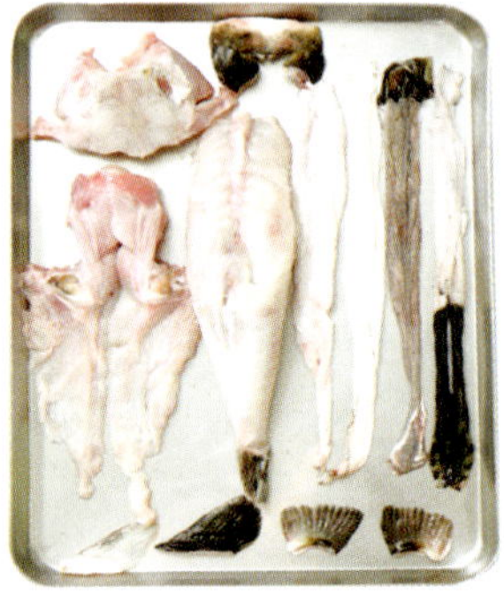

II. 뼈 손질

1 머리 앞부분의 뾰족한 뼈를 잘라내고, 정가운데의 딱딱한 뼈 부분(뇌수)도 잘라낸다.

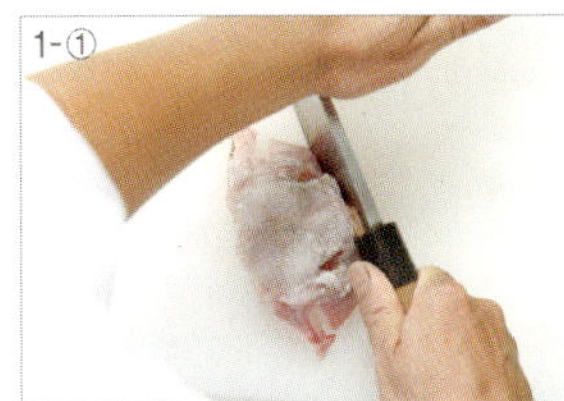 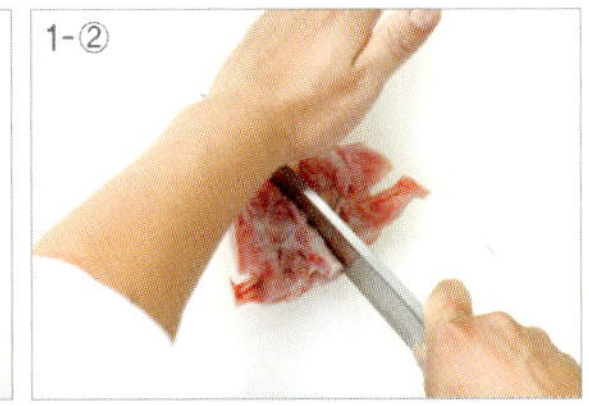 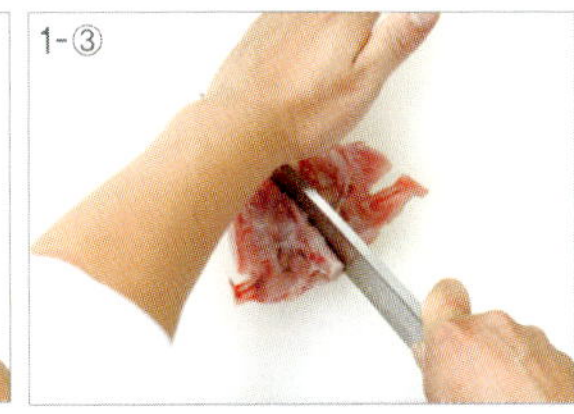 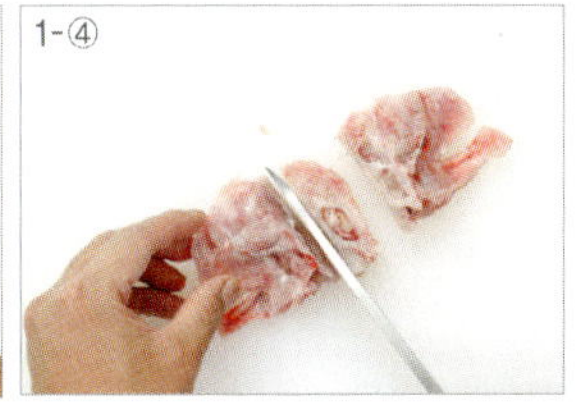

2 아가미 아래쪽 협골의 양쪽에 붙은 잔뼈를 제거한 다음 깨끗이 씻어준다.

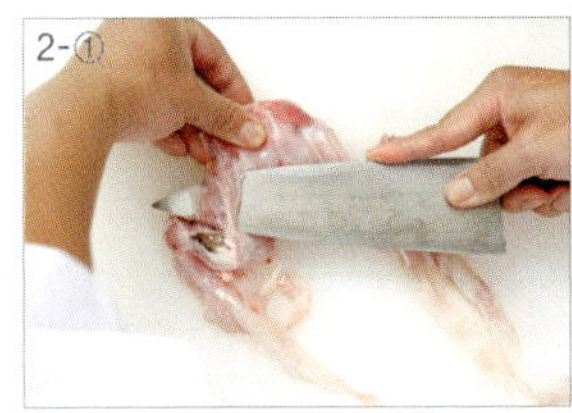 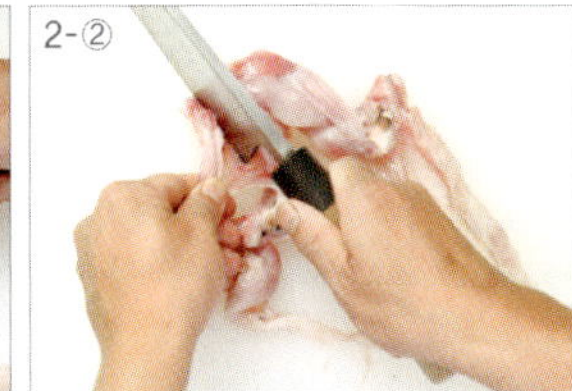  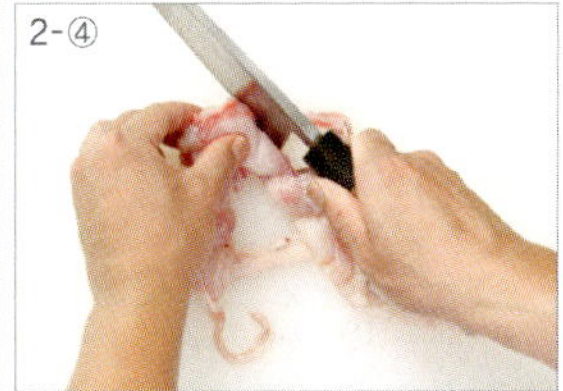

3 생선 입 부분은 뜨거운 물에 데친 다음 얼음물에 담그고 표면의 남아 있는 점액질을 제거한다.

III. 껍질 손질

1 배, 등의 껍질은 안쪽의 얇은 막(도오토우미 : とおとうみ)을 껍질에서 분리해 2장을 만든다.

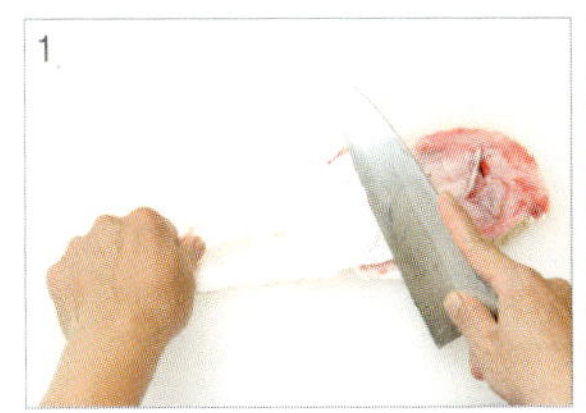   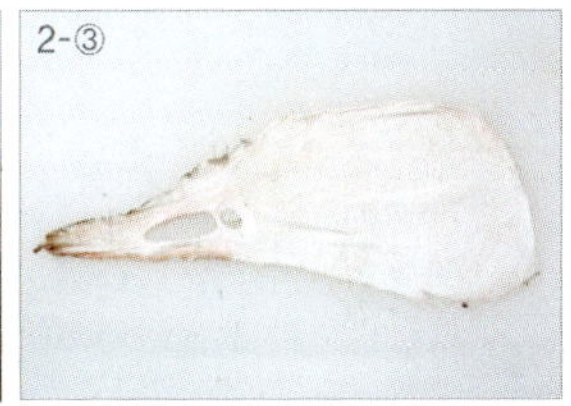

2 껍질을 도마 위에 밀착시키고 칼을 상하로 움직여가며 표면의 가시를 제거해준다.

3 젤라틴 함유량이 높은 껍질은 두꺼운 꼬리 부분을 먼저 끓는 물에 넣고 그 다음 전체를 넣는다.

4 껍질이 투명해지면 건져 얼음물에 담근 후 손으로 잘 비벼 표면에 묻은 점액질을 씻어준다.

5 도오토우미도 끓는 물에 10초간 데친 후 얼음물에 담근다.

IV. 지느러미 손질

1 지느러미는 점액질을 씻어준 후 넓은 판에 붙여서 말린다. 판에서 잘 떼어질 정도로 완전히 건조시킨 후 보관한다.

2 꼬리지느러미는 칼집을 넣어 사시미의 장식으로 사용하기도 한다.

ふぐ刺し

복어회

복어살 1마리 분량, 껍질, 도오토우미 약간, 산파 1묶음, 무 200g,
말린 홍고추 2개

- **폰즈 ポン酢** 영귤 50cc, 진간장 50cc, 다시마 약간, 가다랑어포 약간

만드는 법

1 복어살은 거즈로 싼 후 냉장고에서 24~36시간 숙성시킨다. 감칠맛을
   내는 과정이다.

2 1을 다이묘오로시(大名卸) 방법으로 3장뜨기한 후 꼬리 쪽부터 살에
   붙은 껍질(미카와 : 身皮)을 벗긴다.

3 껍질을 벗긴 살은 거즈로 감싸 냉장고에 넣어두어 불필요한 수분을 제
   거한다.

4 살을 반으로 저며 회를 뜬다.

5 껍질은 긴 막대형으로 썰고 도오토우미는 그보다 폭을 더 넓게 썬다.

6 영귤즙과 진간장, 다시마, 가다랑어포를 넣어 섞은 후 숙성시켜서 폰즈
   를 만든다. 체에 거른다.

7 파는 잘게 썬다.

8 말린 홍고추를 부드럽게 삶아, 무에 끼워넣어 강판에 곱게 간다.

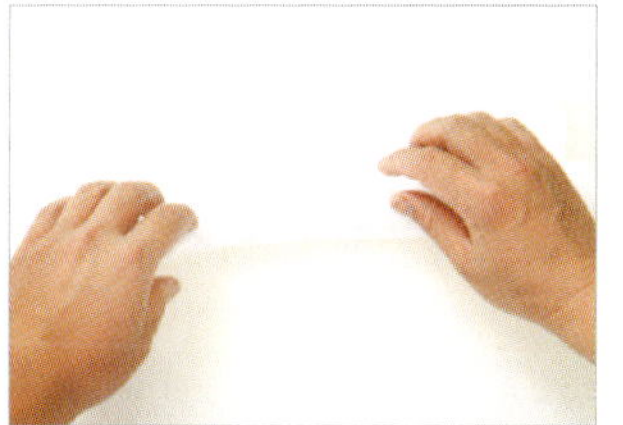

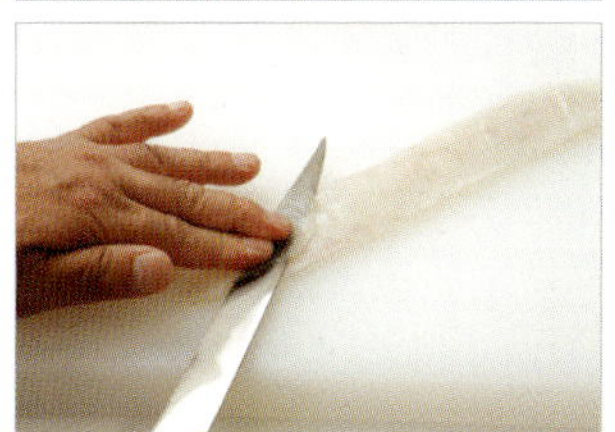

복어회 : 1장뜨기

1장뜨기는 기쿠모리(菊盛)라고 하며 헤기츠쿠리(へぎ作り) 보다 얇고 좁고 길게 자른다. 칼은 밑 부분에서부터 칼날 위까지 전체적으로 사용한다. 회는 얇게 뜬 후 손가락으로 생선살의 끝 부분을 잡고 접시에 바로 옮겨 담는다.

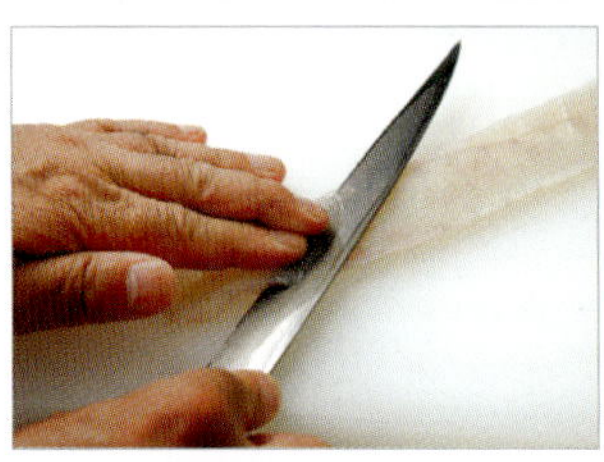
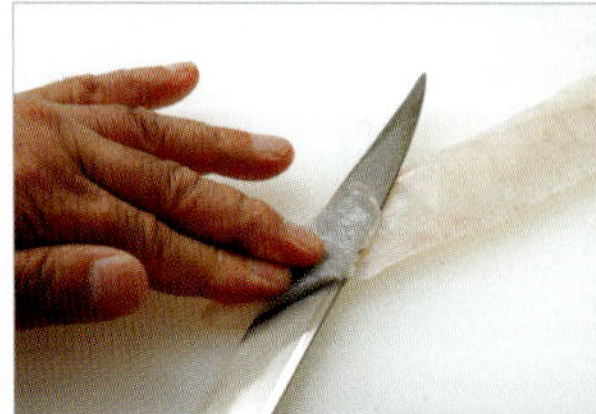

복어회 : 2장뜨기

2장뜨기는 보탄모리(牡丹盛り)
라고 하며, 약간 두툼하게 자
른 살을 다시 반으로 저며 폭
이 넓고 얇게 펼친 다음, 생선
살의 중간 지점을 잡고 접시에
담는다.

ふぐの唐揚げ

복어튀김

재료(4인분)

복어뼈 1마리 분량, 복어턱뼈 1마리 분량, 꽈리고추 8개, 밀가루 약간

- **담금지** 청주 200cc, 미림 2cc, 연간장 20cc

만드는 법

1 분량의 담금지 재료를 섞는다.

2 뼈는 한입 크기로 썬 후 담금지에 담가 최소 30분간 둔다.

3 꽈리고추는 꼭지를 제거한 후 구멍을 뚫는다.

4 **2**는 수분을 제거한 후 밀가루를 묻혀 160℃ 기름에서 튀긴다. 꽈리고추
   도 튀긴다.

5 그릇에 복어 튀긴 것을 담고 꽈리고추를 곁들인다.

ふぐの源平焼き

복어 겐페야키

재료(4인분)

복어(뼈가 붙은 상태) 1마리 분량, 복어턱뼈 1마리 분량, 산초가루 약간, 시치미 약간, 초생강 약간

- **소금맛 담금지** 물 180cc, 청주 180cc, 소금 13g
- **간장맛 담금지** 청주 100cc, 진간장 200cc

만드는 법

1 복어는 뼈째로 두껍게 썰고 턱뼈는 한입 크기로 자른다.

2 물과 청주, 소금을 섞은 소금맛 담금지에 **1**의 절반의 양을 담고 속까지 소금간이 배도록 한다.

3 분량의 간장맛 담금지를 만든 후 남은 **1**을 넣어 마찬가지로 맛이 배도록 한다. 단, 간장맛은 소금맛보다 재료에 스며드는 시간이 빠르기 때문에 담가두는 시간을 짧게 하는 것이 좋다.

4 **2**와 **3**을 쇠꼬챙이에 끼워 굽는다.

5 다 구워지면 마지막에 소금맛은 산초가루, 간장맛은 시치미를 뿌린다.

 *Cooking tip*

- 겐페야키(源平焼き)란 소금맛과 간장맛처럼 2종류의 맛을 같이 내는 구이요리를 말한다. 겐페(源平)라는 이름은 옛 전쟁에서 겐지(源氏)와 헤이케(平家)가 싸울 때 빨간 깃대와 흰색 깃대를 사용한 것에서 유래된 것이다.

ふぐちり

복어 냄비요리

재료(4인분)

복어뼈 1마리 분량, 배춧잎 4장, 두부 1모, 떡 4개, 쑥갓 1묶음, 무 200g,
말린 홍고추 2개, 산파 약간

- **조미료** 다시마다시 1200cc, 폰즈(복어회 참조) 200cc

만드는 법

1 복어뼈는 적당한 크기로 썬다.

2 배춧잎은 한입 크기로 썰고 두부는 8등분한다.

3 쑥갓은 잎사귀만 뜯어 준비하고 떡은 굽는다.

4 말린 홍고추를 부드럽게 삶아, 무에 끼워넣어 강판에 곱게 간다.

5 산파는 잘게 썬다.

6 냄비에 손질한 **1, 2, 3**의 재료를 담고 다시마 다시를 부어 끓인다.

7 폰즈와 간 무, 산파를 곁들여 먹는다.

복어 조스이 ふぐ雑炊

재료(4인분)

복어 냄비 남은 다시 800cc, 밥 300g, 산파 45cc
- **조미료** 청주 50cc, 소금 5cc, 연 간장 약간, 폰즈 약간

만드는 법

1 복어 냄비의 남은 육수에 물에 한 번 씻은 흰밥을 넣어 끓인다.

2 밥알이 부풀어 오르면 소금과 연간장, 청주를 넣어 간한다.

3 **2**의 냄비에 기호에 따라 달걀이나 파를 넣는다. 폰즈를 곁들인다.

 *Cooking tip*

- 복어 코스에서 복어 냄비 다음에 제공되는 마지막 요리이다.

附
錄

———

부록

일본요리에 많이 사용하는 어패류

은어 あゆ
전갱이 あじ
쥐치 かわはぎ
참치 まぐろ
학꽁치 さより
꽃게 かに
문어 たこ
보리새우 くるまえび
금닭새우(이세에비) いせえび
오징어 いか
피조개 あかがい
대합 はまぐり

채소 썰기의 모든 것

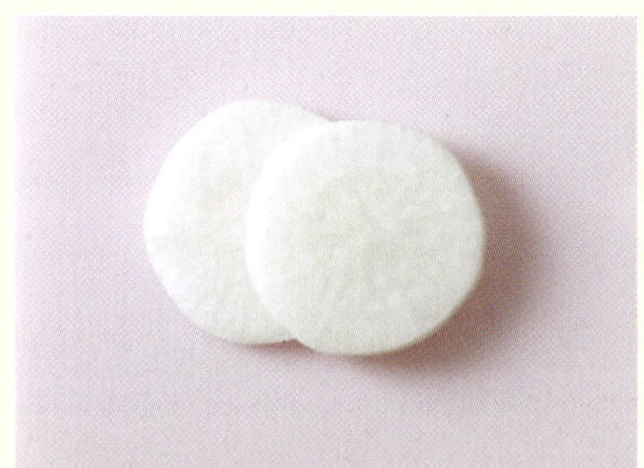

둥글게 썰기(輪切り : 와기리)
무나 당근 등을 원형의 단면이 보이도록 써는 방법

반달 썰기(半月切り : 한게츠기리)
둥글게 썰기한 것을 반으로 써는 방법

은행잎 썰기(いちょう切り : 이쵸우기리)
반달 썰기한 것을 다시 반으로 써는 방법

주사위 모양 썰기(さいの目切り : 사이노메기리)
1×1cm 크기의 정사각형 모양으로 써는 방법

작은 주사위 모양 썰기(あられ切り : 아라레기리)
3×3mm 또는 5×5mm 크기의 정사각형 모양으로 써는 방법

곱게 다지기(みじん切り : 미진기리)
곱게 채 썬 재료(센기리)를 곱게 다지는 방법

빗모양 썰기(くし形切り : 구시가타기리)
동그란 재료를 세로로 썰어 빗 모양으로 만드는 방법

색종이 썰기(色紙切り : 시키시기리)
단면이 사각형이 되도록 썬 후 얇게 써는 방법

직사각 썰기(たんざく切り : 단자쿠기리)
폭 5mm, 길이 3cm의 직사각형으로 써는 방법

국화꽃 모양 썰기(菊花切り : 깃카기리)
열십자(十) 모양으로 촘촘히 칼집을 넣어 국화꽃처럼 보이게 써는 방법

육각형 깎기(六方むき : 롯퐁무키)
토란 등의 재료를 위·아래 부분을 제거한 후 육각형 모양으로 써는 방법

얇은 사각 채 썰기(ひょうし木切り : 효우시키기리)
두께 1cm, 길이 3~4 cm의 막대 모양으로 써는 방법

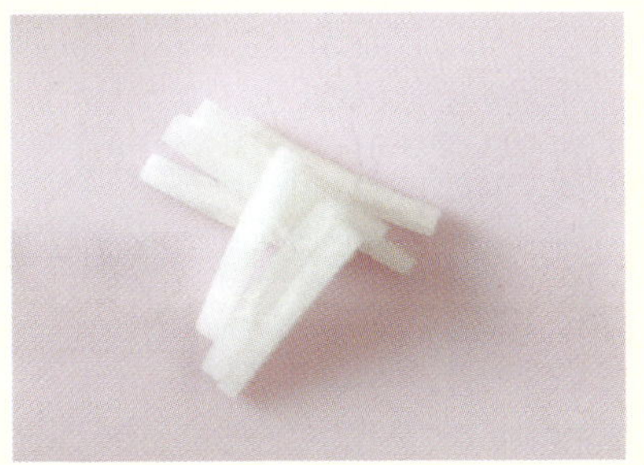

두껍게 채 썰기(千六本切り : 센롯퐁기리)
채 써는 방법 중의 하나로 2~3mm 두께로 약간 두껍게 채 써는 방법

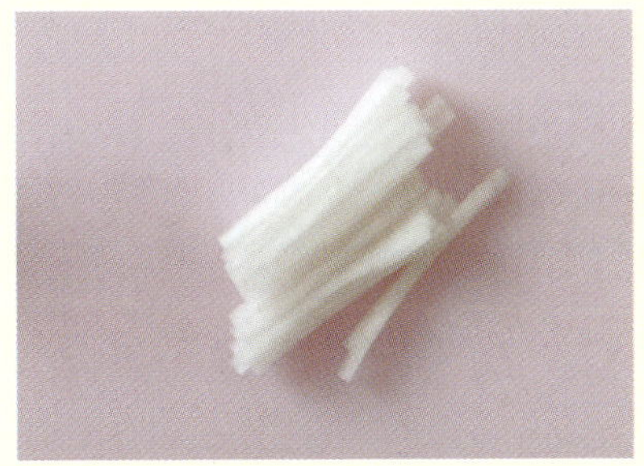

채 썰기(千切り : 센기리)
섬유결 방향대로 곱게 채 써는 방법.
센기리보다 더 얇게 채 썬 것은 하리기리라고 함

바늘처럼 곱게 채 썰기(針切り : 하리기리)
바늘처럼 얇게 채 써는 방법

눈모양 썰기(雪輪切り : 유키와기리)
연근의 구멍 주위를 돌려깎아 눈의 결정처럼 보이게 써는 방법

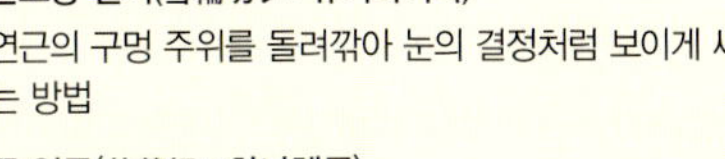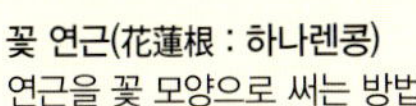

꽃 연근(花蓮根 : 하나렌콩)
연근을 꽃 모양으로 써는 방법

마구 썰기(らん切り : 란기리)
둥글고 긴 재료를 손으로 돌려가면서 엇비슷한 크기로 써는 방법

연필 깎기(ささがき : 사사가키)
우엉 등의 얇고 둥근 재료를 연필 깎듯이 돌려가면서 써는 방법

조리용어 調理用語

あがり : 아가리

스시집에서 사용하는 용어로 마지막에 마시는 녹차를 말함

あら : 아라

손질한 생선의 머리, 뼈, 배지느러미살, 아가미 등을 말함

洗い : 아라이

회를 다루는 기법 중의 하나로, 비린내가 나고 지방이 많은 생선에 적합. 소기 즈쿠리로 자른 생선살을 찬물에 담가 살의 조직을 더 단단하게 해 식감을 좋게 함

甘酢 : 아마즈

기본은 식초와 설탕을 섞어서 만듦. 채소 등을 담가 구이의 곁들임이나 초절임으로 사용하는 경우가 많음

あぶら抜き : 아부라누키

튀긴 재료나 재료 자체가 가지고 있는 여분의 지방분을 열탕에 데치거나 뜨거운 물을 붓거나 하여 제거하는 것

あしらい : 아시라이

요리의 주재료의 맛을 돋워주거나 향이나 색감을 살리기 위해 사용하는 식재료

和え物 : 아에모노

손질한 재료에 양념을 넣어 버무린 무침요리

あくぬき : 아쿠누키

요리의 맛이나 색을 좋게 하기 위해서 야채 등을 물에 씻거나 데쳐서 재료가 가진 불순물을 빼는 것

扇串 : 오우기구시

자른 생선살의 배에서 등 쪽으로, 혹은 등에서 배 쪽으로 쇠꼬챙이를 꽂는 방법. 쇠꼬챙이를 꽂았을 때, 앞쪽의 폭은 좁게 하고 끝으로 갈수록 넓어지는 형태(부채꼴 모양)로 꽂음

追いがつお : 오이가츠오

조림의 경우 조미한 가다랑어 다시로 졸이는 경우가 많은데, 가다랑어 풍미를 더욱 살리고자 할 경우에 가다랑어포를 첨가해 감칠맛을 보충하는 것

おか上げ : 오카아게

삶거나 졸인 재료를 물에 담가 식히지 않고 소쿠리 등에 올려 그대로 식히는 것

落とし蓋 : 오토시부타

주로 조림 요리 등에서 많이 사용. 냄비 크기보다 약간 작은 크기의 뚜껑을 재료에 닿도록 얹어 사용함. 국물이 끓을 때 수분이 증발되는 것을 막고, 재료가 익으면서 흐트러지지 않게 하는 효과가 있음

うねり串 : 우네리구시

생선을 꼬치에 끼우는 방법 중의 하나로, 구워진 모양을 예쁘게 하기 위해 생선을 물결 모양으로 구부려 끼우는 방법. '오도리구시(踊り串)'라고도 함

薄造り : 우스즈쿠리

회를 써는 방법 중의 하나로, 요리사의 칼 다루는 솜씨를 확인할 수 있는 방법. 소기 즈쿠리와 동일한 방법으로 칼을 눕혀 생선살의 왼쪽부터 아주 얇게 회를 뜸

薄葛仕立て : 우스쿠즈지타테

조리한 국물에 물에 푼 칡가루를 넣은 것으로, '요시노지타테(吉野仕立て)'라고도 부름. 칡가루를 넣고 한 번 더

끓여주면 칡가루의 잡냄새를 없앨 수 있음. 국 요리에 넣으면 국물이 걸쭉해지고 잘 식지 않으며 부드러운 맛이 남

潮仕立て : 우시오지타테
어패류를 주로 사용. 재료의 본연의 맛을 살린 국물요리

内引き : 우치비키
생선의 껍질을 벗기는 방법 중의 하나로, 칼날이 안쪽을 향하게 하여 벗기는 방법

色だし : 이로다시
푸른 야채류를 뜨거운 물에 살짝 데치는 것으로, 더욱 선명한 색을 내는 것. 바로 얼음물에 담가 식힘

板ずり : 이타즈리
오이, 머위 등의 야채에 소금을 뿌려 도마 위에서 문지르는 것

糸造り : 이토즈쿠리
회를 자르는 방법 중의 하나로, 섬유 결에 따라 얇고 길게 자른 것

かのこ包丁 : 가노코보초
재료에 격자무늬로 칼집을 넣는 것. 새끼 사슴의 등 무늬와 닮았다 하여 붙여진 이름

片面開き : 가다멘비라키
생선의 토막 등 살이 두꺼운 부분을 저며 펼쳐 두께를 일정하게 하는 것

辛子酢味噌 : 가라시스미소
겨자와 식초 된장을 섞은 것으로 민물고기와 잘 어울림

から揚げ : 가라아게
재료 그대로 혹은 밑간을 한 재료에 밀가루, 전분을 뿌려 튀기는 방법

変わり揚げ : 가와리아게
재료에 밀가루나 전분 외의 다른 재료를 묻혀 튀기는 것

皮霜造り : 가와시모즈쿠리
껍질이 예쁜 생선을 손질할 때 사용하는 방법으로, 생선 껍질은 질겨서 생으로 먹지 못하므로 껍질 쪽에 뜨거운 물을 붓거나 껍질을 직화로 구워서 냉수에 담가 식히는 방법

かいしき : 가이시키
요리 그릇 또는 요리 밑에 깔거나 장식으로 곁들이는 식물의 잎, 종이를 말함

飾り包丁 : 가자리보초
재료에 맛이 잘 스며들고 먹기 편하게 또는 정갈하게 보이기 위해 표면에 칼집을 넣는 것

隠し包丁 : 가쿠시보초
재료에 열전달을 쉽게 하거나 맛이 잘 스며들고 먹기 편하게 하기 위해 음식을 담을 때, 뒷면에 눈에 띄지 않게 칼집을 넣어주는 것

角造り : 가쿠즈쿠리
회를 써는 방법 중의 하나로, 살이 연한 생선에 적합함. 히라즈쿠리와 동일한 방법으로 자르되, 1~1.5cm의 주사위 모양으로 썲

片妻折れ串 : 가타츠마오레구시
생선을 꼬치에 끼우는 방법 중의 하나로, 살이 얇고 긴 생선을 한쪽 면만 안쪽으로 접어 꼬치에 끼우는 방법

観音開き : 간논비라키

살이 두꺼운 생선의 살을 중앙에서 양쪽으로 칼을 넣어 저며 펼치는 것

化粧塩 : 게쇼지오

생선을 통째로 구울 경우 지느러미가 타지 않도록 소금을 묻히는 것

けん : 겐

채소 등을 돌려깎기한 다음, 섬유결에 따라 자른 것을 다테켄(縦けん), 섬유결의 반대로 자른 것을 요코켄(横けん)이라 함

小口 : 고구치

얇고 긴 재료의 절단 면 또는 단

衣揚げ : 고로모아게

밀가루나 전분을 물에 풀어놓은 반죽에 재료를 튀기는 방법. 텐푸라가 대표적임

胡麻醤油 : 고마조유

도사조유를 베이스로 깨페이스트를 첨가한 간장

くずたたき : 구즈타타키

재료에 칡가루(くず 粉 : 구즈코)를 붓으로 엷게 바르는 것

切りかけ造り : 기리카케츠쿠리

회를 써는 방법 중의 하나. 껍질 채 먹는 생선이나 살이 두꺼운 생선의 경우 1~2회 칼집을 넣은 다음 자름

黄身酢 : 기미즈

달걀노른자에 식초나 단맛을 첨가·가열하여 만든 것으로 게, 새우 등 갑각류와 잘 어울리는 혼합식초

さし水 : 사시미즈

열탕에 물을 더하여 온도를 내리는 것

逆包丁 : 사카사보초

칼날이 위로 향하게 하여 사용하는 것

酒塩 : 사카시오

술과 소금을 섞은 것

酒煎り : 사카이리

청주와 재료를 넣어 가볍게 익히는 것

作取り : 사쿠도리

포 뜬 생선을 회나 조각으로 사용하기 좋은 크기로 자르는 것

三杯酢 : 산바이즈

혼합식초 중의 하나로, 식초에 설탕, 간장을 섞은 것을 말함

そぎ造り : 소기즈쿠리

회를 써는 방법 중의 하나. 생선살의 섬유결에 따라 칼을 비스듬히 눕혀 살의 왼쪽부터 5mm 두께로 회를 뜸

添え串 : 소에구시

꼬치를 끼우는 방법 중의 하나. 꼬치에 끼워 구울 때, 생선을 꽂은 꼬치가 미끄러져 뒤집어지지 않게 하기 위해 보조 꼬치를 끼우는 것

外引き : 소토비키

껍질과 살 사이에 칼날을 바깥쪽을 향하게 해 넣은 후 칼을 위아래로 움직이며 껍질을 벗겨냄. 껍질이 질기거나 살이 단단한 생선의 껍질을 벗길 때 사용하는 방법

杉盛り : 스기모리

봉긋하게 중앙이 높고 삼나무 모양과 같이 담는 법

酢の物 : 스노모노

초절임으로 계절감 있는 다양한 재료를 사용하는데, 신맛이 식욕을 돋우어 입안을 산뜻하게 해주므로 식단의 구성에 맞게 넣어주면 좋음

すり流し仕立て : 스리나가시지타테

재료를 으깨 체에 거른 것에 다시나 된장 등을 넣은 국물 요리. 대표적으로 사용되는 재료는 새우, 게, 콩류 등이 있음

澄まし汁仕立て : 스마시지루지타테

간장과 소금으로 간을 한 맑은 국물 요리

素揚げ : 스아게

밑손질한 재료에 아무것도 묻히지 않고 그대로 튀기는 것으로 재료가 가진 색이나 형태를 살려 튀기는 방법

末広串 : 스에히로구시

생선을 꼬치에 끼우는 방법 중의 하나. 2개 이상의 꼬치를 사용할 경우 잡기 용이하도록 끝은 넓게, 앞쪽은 하나로 모이게 끼우는 방법. 부채꼬치(扇串 : 오우기구시)라고도 불림

吸口 : 스이구치

계절의 향이나 맛의 악센트를 주는 것으로 산초잎, 유자, 겨자, 생강 등이 있음

吸地 : 스이지

다시에 소금, 간장, 일본된장 등을 넣어 만든 것. 스이지는 국물을 다 마실 수 있을 정도로 연하게 간을 하는 것이 좋은데, 여름에는 담백하게, 겨울에는 약간 진하게 만듦

吸地八方 : 스이지핫포

재료에 맛을 첨가하는 조미국물. 스이지보다 간을 진하게 만드는 게 좋은데, 맛이 잘 배지 않는 재료는 스이지핫포에 넣어 끓이고, 색이 변하기 쉬운 재료는 식힌 스이지핫포에 담가 맛이 배도록 함

筋切り : 스지기리

닭다리 살 등 힘줄이 많은 재료를 칼 뒷부분을 사용하여 힘줄을 끊어주는 것

すき引き : 스키비키

비늘 제거하는 방법 중의 하나로, 사시미 칼을 사용하여 얇게 밀어가며 벗김. 살이 부드러운 생선이나 비늘이 작고 촘촘하게 붙어 있는 생선에 적합한 방법

すっぽん仕立て : 슷폰지타테

자라, 양태 등 감칠맛과 특유의 향이 강한 재료의 맛을 살려 끓인 국물 요리. 특유의 향을 없애기 위해 술을 듬뿍 사용하거나, 향미료 파, 생강을 사용함

白水 : 시로미즈

쌀뜨물을 말하며 무나 토란을 삶을 때 사용함. 표면이 하얗고 부드럽게 삶아짐

霜降り : 시모후리

날 생선이나 육류를 열탕에 겉면만 익히는 것

たで酢 : 다데즈

은어 소금구이에 항상 같이 곁들임. 여뀌잎을 잘게 갈아, 침전을 막기 위해 쌀죽을 첨가하고 조미료로 간을 한 다음 걸러서 사용함

たれ : 다레
조합 조미료를 말함

卵の素 : 다마고노모토
달걀노른자에 식용유를 넣어 섞은 것

立塩 : 다테지오
해수 정도의 짠 소금물

田楽味噌 : 덴가쿠미소
백미소 혹은 적미소를 미림, 술, 설탕 등을 넣어 조미하여 가열함. 원래의 된장 농도가 될 때까지 불 위에서 갠 다음 식힘

天盛り : 덴모리
요리의 모양새나 맛, 향을 한층 더 돋워주기 위해 요리의 맨 위에 담는 재료를 말함

鉄砲和え : 뎃포아에
파를 겨자식초 된장으로 무친 것을 말함

土佐醤油 : 도사조유
진간장에 청주를 첨가하여 가다랑어포의 풍미를 살린 간장

土佐酢 : 도사즈
가다랑어포의 감칠맛을 더한 혼합식초 중 하나. 식초, 설탕, 간장을 섞어 끓이는데, 끓기 직전에 가다랑어포를 넣어 불을 끈 후 거른 것을 말함

血合い骨 : 지아이보네
생선살의 등 쪽과 배 쪽을 연결하는 중앙에 있는 뼈

つま : 츠마
생선에 곁들여내는 채소로 장식용과 생선회 밑에 까는

것이 있음

つぼぬき : 츠보누키
생선의 배를 자르지 않고 아가미뚜껑 또는 입으로 내장, 아가미를 제거하는 방법

梨割り : 나시와리
칼로 배(과일)를 자를 때 싹둑 자르듯이 한 가지 재료를 똑같은 크기로 이등분해 자르는 것. 주로 생선의 머리를 자를 때 사용하는 용어

南蛮漬け : 난반즈케
재료를 기름에 튀기거나 파, 고추를 사용한 요리에는 난반(南蛮)이라는 이름을 붙임

登り串 : 노보리구시
생선을 통으로 구울 때 쇠꼬챙이에 꽂는 방법

縫い串 : 누이구시
꼬치를 꽂는 방법의 하나로, 살 사이를 마치 바느질하듯 쇠꼬챙이로 꽂는 것. 이 방법으로 꼬치를 굽게 되면 앞면은 구멍이 뚫리지 않아 깔끔하게 만들 수 있음

煮切る : 니키리
미림이나 청주를 끓여 알코올 성분을 증발시키는 것

梅肉醤油 : 바이니쿠조유

도사조유를 베이스로 고운체에 내린 매실을 첨가한 간장

べた塩 : 베타지오

생선살 전체에 소금을 듬뿍 뿌려 여분의 수분과 비린내를 제거하고, 살을 적당히 팽팽하게 해줌

ポン酢 : 폰즈

감귤류(주로 영귤을 사용함)의 즙에 간장, 청주, 다시마, 가다랑어포를 첨가해 1주일간 숙성시킨 간장

針打ち : 하리우치

굵은 바늘이나 얇은 꼬치로 재료의 표면을 찌르는 것. 여분의 염분이나 피를 빼거나 조림국물 등이 재료에 잘 스며들도록 하거나 열전달을 빠르게 하기 위해 하는 작업

葉むしり : 하무시리

참나물 등 줄기만을 사용할 때 잎사귀를 뜯는 것

博多 : 하카타

색이 다른 재료를 번갈아가며 겹치는 것. 잘린 단면이 하카타 오비(博多帯 : 기모노의 허리에 두르는 벨트로 여러 가지 천을 겹쳐 만든 것)와 무늬가 비슷하다고 하여 붙여진 이름으로 샌드위치를 하카타빵이라고도 함

半割汁 : 한와리지루

된장국과 다시를 동량으로 섞어 만들어 된장국보다는 연한 편임. 맛이 잘 스며들지 않는 재료는 한와리지루에 넣고 끓이고, 색이 변하기 쉬운 재료는 식힌 한와리지루에 넣어 맛이 배도록 함

骨切り : 호네기리

갯장어와 같이 잔뼈가 많아 제거하기 힘든 생선은 살과 함께 촘촘하게 칼집을 내어 먹기 쉽도록 하는 것

細造り : 호소즈쿠리

보리멸, 오징어와 같이 살이 얇은 생선을 썰 때 사용하는 방법. 호소 즈쿠리보다 더 가늘게 자르는 것을 이토 즈쿠리(糸造り)라고 함

ふり塩 : 후리지오

재료에 균일하게 소금을 뿌리는 것

火取る : 히도루

재료를 불에 살짝 굽거나 표면만을 재빠르게 굽는 것

平造り : 히라즈쿠리

회를 써는 방법 중의 하나로, 칼을 세워 생선살의 오른쪽부터 자르는 방법. 살이 연한 생선을 자를 때 주로 사용함

面取り : 멘토리

재료를 조리다 보면 서로 부딪혀 모양이 변할 수 있으므로 이를 방지하기 위해 자른 야채의 모서리 부분을 다듬어 주는 것

もみじおろし : 모미지오로시

말린 홍고추를 부드럽게 삶아 무에 젓가락으로 구멍을 뚫은 후 그 속에 끼워 넣어 강판에 곱게 간 것

むらさき : 무라사키

스시집 전문 용어로 간장을 뜻함

味噌仕立て : 미소지타테

된장의 풍미를 살린 국물 요리. 짠맛이 강하고 담백하며 향이 진한 적된장과 부드럽고 단맛이 강한 백된장을 섞은

아와세미소(合わせ味噌)는 재료나 계절에 따라 된장 비율을 달리해도 됨

水洗い : 미즈아라이

생선을 비늘, 내장, 아가미를 제거하고, 배 안쪽을 깨끗이 씻은 상태를 말함

水切り : 미즈키리

두부 등 재료가 가진 수분을 적당히 빼는 것. 또한 물에 씻거나 담가 두었던 재료에 묻은 수분을 제거하는 것을 말함

야행

薬味 : 야쿠미

요리의 맛이나 향기를 한층 더 돋워주거나, 비린내를 없애기 위해 완성된 요리에 곁들여냄. 생강, 유자 등이 있음

焼き霜 : 야키시모

회를 다루는 기법 중의 하나. 생선이나 고기를 살짝 색이 날 때까지 구워, 바로 냉수에 넣어 식히는 것

より : 요리

생선회의 장식으로 많이 사용. 무, 오이, 당근 등을 돌려 깎아 사선으로 길게 자른 다음 젓가락으로 말은 것

寄せ物 : 요세모노

액상의 재료를 틀에 흘려 넣어 굳힌 요리를 말하는 것으로, 나가시모노(流し物)라고도 함

湯煎 : 유센

타기 쉬운 재료를 익힐 경우 냄비를 직접 가열하지 않고,
큰 냄비에 물을 넣고 안에 작은 냄비를 넣어 간접적으로 가열하는 방법

湯洗い : 유아라이

회를 다루는 기법 중의 하나. 포 뜬 생선을 60℃~70℃의 뜨거운 물에 살짝 씻어 냉수에 식힌 다음 수분을 제거하는 것

幽庵地 : 유안지

청주, 미림, 간장을 동량으로 섞은 조미료

湯通し : 유토오시

재료를 뜨거운 물에 살짝 데치는 것. 재료나 사용하는 목적에 따라 데치는 시간이나 온도에 변화를 줌

라행

両妻折れ串 : 료즈마오레구시

생선 껍질 쪽을 도마 위에 얹은 후 양쪽의 살을 가운데로 오도록 돌돌 말아서 쇠꼬챙이를 꽂는 꼬치 방법

와행

椀種 : 완다네

국물 요리의 주재료. 어패류나 육류, 채소 등 여러 가지 재료가 사용됨

椀妻 : 완즈마

재료를 돋보이게 하는 부재료. 대개 제철 채소를 많이 사용함

참고문헌(参考文献)

畑耕一郎,『プロのためのわかりやすい日本料理』
(柴田書店, 1998)

식기 협찬(器の提供)

사이토「宰東(さいとう)」
〒844−0023 佐賀県西松浦郡有田丸尾丙2278
TEL　0955-42-3362
FAX 0955-42-6530

토리이치「とり市」
〒819−0015 福岡県福岡市西区愛宕3丁目1−6
TEL 092-881-1031

나카무라아카데미 정통일본요리 만든 사람들

나카무라 테츠 (中村哲)
나카무라조리제과전문학교,
나카무라아카데미 이사장·교장
동경대학교 졸업 / 동경대학교대학원 수료
조리사

中村調理製菓専門学校、
中村アカデミー 理事長·校長
東京大学 卒業 / 東京大学大学院 修了 / 調理師

가와시마 토시오 (川島年生)
나카무라조리제과전문학교 준교수
나카무라학원대학교 졸업
일본요리전문조리사 / 관리영양사

中村調理製菓専門学校 准教授
中村学園大学 卒業
日本料理専門調理師 / 管理栄養士

하쿠토메 히로아키 (百留博晃)
나카무라아카데미 일본요리 전임강사
나카무라조리제과전문학교 준교수
츠지조리사전문학교 졸업
일본요리전문조리사 / 사케 소믈리에

中村アカデミー 日本料理担当
中村調理製菓専門学校 准教授
辻調理師専門学校 卒業
日本料理専門調理師 / 利酒師

구구에 신지 (久々江慎二)
나카무라조리제과전문학교 준교수
츠지조리사전문학교
전 호텔 클레멘트 도쿠시마 일본요리장 / 조리사

中村調理製菓専門学校准教授
辻調理師専門学校
元ホテルクレメント徳島 日本料理長／調理師

야마가타 료 (山片良)
나카무라아카데미 일본요리 전임강사
나카무라조리제과전문학교 전임강사
나카무라조리제과전문학교 졸업
일본요리전문조리사

中村アカデミー 日本料理担当
中村調理製菓専門学校 専任講師
中村調理製菓専門学校 卒業
日本料理専門調理師

오부 요우헤이 (大武洋平)
나카무라조리제과전문학교 조교
나카무라조리제과전문학교 졸업
전 주한일본대사관 요리장 / 조리사

中村調理製菓専門学校 助教
中村調理製菓専門学校 卒業
元駐大韓民国日本大使館料理長 / 調理師

中村アカデミー 正統日本料理 作った人々

마츠하타 타미노부 (松畠民亘)
나카무라조리제과전문학교, 나카무라아카데미
특별강사 / '타츠미즈시' 오너
조리사

中村調理製菓専門学校·中村アカデミー
特別講師 / 'たつみ寿司'オーナー
調理師

미야타케 나오히로 (宮武尚弘)
나카무라조리제과전문학교, 나카무라아카데미
특별강사 / '하카타이즈미' 오너
게이오기주쿠대학교 졸업
조리사 / 복어처리사

中村調理製菓専門学校·中村アカデミー
特別講師 / '博多い津み'オーナー
慶應義塾大学校 卒業
調理師、ふぐ処理師

무라타 타카히사 (村田隆久)
나카무라조리제과전문학교, 나카무라아카데미
특별강사 / '신슈소바무라타' 오너 / 조리사

中村調理製菓専門学校·中村アカデミー
特別講師
'信州そばむらた'オーナー / 調理師

시모가와 시즈카 (下川静香)
나카무라조리제과전문학교 일본요리 실습조수

中村調理製菓専門学校 日本料理実習助手

츠아키 쥰페이 (津秋淳平)
나카무라조리제과전문학교 일본요리 실습조수

中村調理製菓専門学校 日本料理実習助手

사토 시오리 (佐藤詩織)
나카무라조리제과전문학교 일본요리 실습조수

中村調理製菓専門学校 日本料理実習助手

中村調理師専門学校
中村国際ホテル専門学校
中村調理製菓専門学校

中村調理製菓專門学校

나카무라조리제과전문학교

일본 나카무라조리제과전문학교는 조리, 영양 분야에서 역사와 전통을 자랑하는 나카무라가쿠엔 그룹에서도
60년 이상의 가장 오래된 전통을 가지고 있습니다. 나카무라조리제과전문학교는
일본 유수의 조리/제과 교육기관과 교수진들로부터 호평을 받고 있는 요리전문학교입니다.

나카무라가쿠엔 그룹(学校法人 中村学園)의 구성

자매학교

→ 학교법인 나카무라센슈가쿠엔 **学校法人 中村専修学園**
- 나카무라조리제과전문학교
- 나카무라국제호텔전문학교

→ 학교법인 나카무라가쿠엔 **学校法人 中村学園**
- 나카무라가쿠엔 대학교 (영양과학부, 교육학부, 유통과학부 및 각 학부 대학원)
- 나카무라가쿠엔 단기대학
- 나카무라가쿠엔 산요중 · 고등학교
- 나카무라가쿠엔 여자중 · 고등학교
- 나카무라가쿠엔 대학교부속 유치원 · 보육원
- 나카무라가쿠엔 사업부 (급식, 사내식당, 레스토랑 운영)

나카무라조리제과전문학교 주요 연혁
- 1949년 창립자 나카무라 하루에 의해 개교, 요리학교를 시작
- 1959년 일본 최초의 조리사학교 중 하나로서 조리사 전문교육 시작
- 1995년 제과(파티시에) 전문교육을 시작
- 2009년 한국 서울에 분교 나카무라아카데미 개교
- 2014년 제빵 전문교육을 시작

NAKAMURA ACADEMY 나카무라아카데미

정통 일본요리와 섬세한 기술이 돋보이는 일본제과, 제빵을 기초부터 체계적으로 배울 수 있는 명문요리학교입니다

나카무라아카데미는 일본 나카무라조리제과전문학교의 서울 분교입니다. 서울 나카무라아카데미는 일본 나카무라조리제과전문학교와 동일한 수준의 조리 설비 환경을 갖추고 있으며, 일본에서 파견되어 상주하는 일본인 강사를 비롯하여 일본 본교 교수진이 각 커리큘럼에 맞추어 강의를 하고 있습니다.

나카무라 아카데미

정통일본요리

저자　나카무라아카데미
발행인　장상원
편집인　이명원
집필책임자　나카무라 테츠(中村哲)
집필진　가와시마 토시오(川島年生)
　　　햐쿠토메 히로아키(百留博晃)
　　　구구에 신지(久々江愼二)
　　　야마가타 료(山片良)
　　　오부 요우헤이(大武洋平)
　　　마츠하타 타미노부(松畠民亘)
　　　미야타케 나오히로(宮武尚弘)
　　　무라타 타카히사(村田隆久)

3판 1쇄　2017년 3월 21일
3판 2쇄　2018년 9월 6일
3판 3쇄　2021년 11월 8일
발행처　(주)비앤씨월드
　　　출판등록 1994. 1. 21. 제16-818호
　　　주소 서울특별시 강남구 선릉로 132길 3-6 서원빌딩 3층
　　　전화 (02)547-5233 / 팩스 (02)549-5235

사진　이재희
디자인　박갑경
번역　기보경, 손혜련, 윤선영
인쇄　신화프린팅

ISBN　978-89-88274-81-1　93590

text © NAKAMURA ACADEMY, 2012 printed in korea
이 책은 신 저작권법에 의해 한국에서 보호받는 저작물이므로 저자와 (주)비앤씨월드의
동의 없이 무단전재와 무단복제를 할 수 없습니다.

http://www.bncworld.co.kr